普通高等教育机器人工程专业系列教材

仿生机器人的设计与制作

马明旭　王雅慧　储逸尘　编著

机 械 工 业 出 版 社

本书是编者对仿生机器人长期研究与设计经验的总结，其内容是按照仿生机器人基本开发流程编著的，实用性较强，适合大学生或者仿生机器人爱好者使用。

本书共 6 章，主要内容包括绪论、仿生机器人总体设计、仿生机器人强度设计与优化、仿生机器人制作、仿生机器人控制系统和仿生机器人优秀案例介绍，内容体系贯穿了仿生机器人的设计制作思想，并添加了运动仿真工具、三维建模工具、设计优化工具等常用工具的介绍，通过介绍仿生机器人案例，进一步提升了本书的教学性与实践性。

本书可作为高等院校机器人工程和机械工程专业的实践参考教材，也可供从事仿生机器人技术研究的工程技术人员学习和参考。

本书配有授课电子课件等配套资源，需要的教师可登录 www.cmpedu.com 免费注册，审核通过后下载，或联系编辑索取（微信：18515977506，电话：010-88379753）。

图书在版编目（CIP）数据

仿生机器人的设计与制作／马明旭，王雅慧，储逸尘编著． --北京：机械工业出版社，2025.7. --（普通高等教育机器人工程专业系列教材）． --ISBN 978-7-111-78070-0

Ⅰ．TP242

中国国家版本馆 CIP 数据核字第 2025D69D96 号

机械工业出版社（北京市百万庄大街 22 号　邮政编码 100037）

策划编辑：汤　枫	责任编辑：汤　枫　杨　璇
责任校对：李可意　杨　霞　景　飞	责任印制：张　博

北京机工印刷厂有限公司印刷

2025 年 7 月第 1 版第 1 次印刷

184mm×260mm · 10.75 印张 · 264 千字

标准书号：ISBN 978-7-111-78070-0

定价：59.00 元

电话服务	网络服务
客服电话：010-88361066	机　工　官　网：www.cmpbook.com
010-88379833	机　工　官　博：weibo.com/cmp1952
010-68326294	金　书　网：www.golden-book.com
封底无防伪标均为盗版	机工教育服务网：www.cmpedu.com

前　言

　　仿生学是生物学、数学和工程技术学相互渗透结合而成的一门新兴的学科。仿生生物的研究为工程技术提供了新的设计思想。本书是东北大学仿生智能创新团队多年实践成果的总结，读者通过本书的学习将能够对仿生机器人的设计与制作过程有系统全面的了解。

　　本书从仿生机器人的前世今生开始，系统地探讨了其分类与应用、总体设计、详细设计、实物制作以及控制系统等方面。仿生机器人领域具有极大的潜力和多样性，其不仅可以模仿自然生物的结构和运动方式，还可以在信息传递、信息接收等方面提供全新灵感。仿生机器人能够应用于广泛的领域，其发展不仅仅是技术上的创新，更是人类对自然世界深刻理解的体现。

　　本书的总体设计阶段详细介绍了仿生机器人的基础理论，包括机械原理、设计基础、运动特性捕获等。通过实例分析展示了如何运用机构运动仿真软件和科学计算工具，为仿生机器人的总体设计提供有力支持。在强度设计与优化方面，书中介绍了强度设计基础和三维建模工具、有限元分析工具以及设计优化工具的应用。通过仿生海龟零件的三维建模、有限元分析和设计优化实例，读者能够深入了解仿生机器人结构设计的实际操作。在实物制作阶段，书中介绍了3D打印技术在当今仿生机器人研究中的重要性。这一制作工艺的应用不仅提高了制作效率，还为设计师提供了更多灵活性和创新性。另外，本书还介绍了仿生机器人控制系统，包括基础理论、系统软硬件的设计与实现以及实例分析，为读者提供了解决实际应用问题的思路和方法。

　　随着技术的不断发展，仿生机器人有望在更广泛的应用领域取得突破，跨学科的合作将成为推动仿生机器人发展的关键，其涉及机械工程、生物学、计算机科学等多个领域的知识交叉融合。未来仿生机器人将朝着更加智能、灵活、适应性强的方向发展，服务于人类社会的各个方面。同时，仿生机器人的设计与制作是一个富有挑战性和创新性的领域，本书旨在为读者提供全面的知识体系，帮助他们在这一领域取得更大的成就，并且希望读者能够在实际应用中不断探索，推动仿生机器人技术的不断进步。

　　本书由马明旭、王雅慧、储逸尘编著完成。第1~3章由马明旭编写，第4、5章由储逸尘编写，第6章由王雅慧编写。全书由马明旭统稿。

　　由于编者水平有限，加之机器人的理论和方法仍在发展和完善中，书中难免存在不足之处，望读者给予批评指正。

编　者

目　录

第1章 绪 论

仿生机器人作为目前的新兴产业已经经过了数百年的变革与进化，从古代主要以生物原型模仿发展为当前多技术融合实现生物行为模仿。仿生机器人模仿生物的形态、运动状态以及信息传递方式。随着科技发展，仿生机器人将进一步深入多个领域，实现应用场景与技术的拓展与提高。

1.1 仿生机器人的前世今生

大自然亿万年的自然演化形成了当今多种多样的生物，这些生物体以其恰当的甚至在某些部位结构上近乎完美的生物特性适应着其生存环境。自古以来，这些自然生物不断地激发人们探索的欲望，在向自然生物的学习中探寻解决问题的方法，这极大地提高了人们孕育技术创新和发明创造灵感的概率。

众所周知，"鹰击长空，鱼翔浅底"之类的自然生物现象促使人们对航空航海知识的探索。当下，模仿生物的全部或部分技能已经成为人们突破某些技术瓶颈的关键所在，而这些有关模仿生物的研究即为仿生学。

仿生学是研究生物系统的结构、形状、原理、行为以及相互作用，从而为工程技术提供新的设计思想、工作原理和系统构成的技术科学，是一门集生命科学、物质科学、数学与力学、信息科学、工程技术及系统科学等学科的交叉学科。仿生机器人则是源于某种现实需求，参考自然生物体在类似需求条件下的解决方法，在机器人上实现的一种特殊的机器人类型，是仿生学与机器人学的相互融合。从机器人的角度来看，仿生机器人标志着机器人技术迈向更高阶段。在自然界中，生物经过漫长的进化过程以适应不断变化的环境，得以更好地生存发展。发展愈发完善的生物特性在仿生机器人的设计中起着关键的作用，为机器人的构建提供了丰富的灵感和有益的参考，使其能够具备生物体的鲁棒性、自适应性、可靠性、灵活性和运动多样性等卓越的性能。

仿生的思想在古代的神话传说中早已萌现，像希腊神话中，火神赫菲斯托斯打造了一金一银两条守门犬，还用青铜打造了会喷火的战马、公牛以及巨人塔罗斯，此外还有代达罗斯用羽毛蜡制翅膀逃离克里特岛的故事。在中国古代的《列子·汤问》这本书中记载了工匠偃师制作了一具木偶，在周穆王面前载歌载舞，宛如真人的故事，如图 1-1 所示。在《墨子·鲁问》中记载鲁班"削竹以为鹊，成而飞之，三日不下"的故事，其模型如图 1-2 所示。三国时期，诸葛亮模仿牛与马的生物特征发明的"木牛流马"可做到"日行二十里，而人不大劳"，后人按照记录得到的复原图如图 1-3 所示。在近代，机械技术的出现使仿生机器人雏形得以显现。13 世纪末，法国的阿图瓦伯爵罗伯特二世请人在他的宫廷花园中建造了好几具自动机器，包括会动的鸟、猴子、狮子以及自动喷泉与管风琴。欧洲的钟楼也开始加入机械玩偶，就像加扎里的城堡天文钟那样，这些玩偶会在整点时奏乐报时。1495年，达·芬奇也设计了一具真人大小的盔甲武士，能够原地坐下、站起身来、举手以及开启面罩。这些机械玩偶只会做出动四肢、张嘴巴这种简单的动作，看起来相当笨拙，与神话故事中的想象还有相当大的差距。不过随着制造工艺的进步，机械玩偶使用更小、更多的零件，逐渐能做出更复杂、更细微的动作。当时大多数的机械玩偶如图1-4所示。加上改以发条作为动力来源，不用再固定于原地，可以四处走动，机械玩偶终于比较像一个活生生的独立个体了。总体来讲，这一阶段的仿生机器人还是以生物原型的模仿为主要概念，局限于生物体表面的结构和功能，鲜有人会有意识地深入挖掘生物体的经验，这使得将生物因素与产品设计创新有机融合依然面临巨大挑战。

图1-1　偃师造人：木偶表演

图1-2　传说鲁班制造"木鹊"

图1-3　"木牛流马"复原图

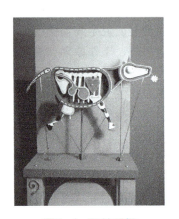

图1-4　机械玩偶

现代仿生机器人发展始于1960年，美国科学家斯蒂尔正式将仿生学定义为"模仿生物原理来建造技术系统，或者使人造技术系统具有生物特征或类似特征的科学"，到现在为止经历了宏观仿形与运动仿生、机电系统与生物性能部分融合、结构与生物特性一体化的类生命系统三个阶段。仿生机器人技术每一阶段的跨越发展离不开人工智能、材料、通信、生物学及工程学等领域取得的成果。随着计算机技术以及驱动装置的出现与发展，仿生机器人逐渐从原来以生物原型模仿的模式中脱离，通过机电系统对生物运动形态进行模仿与实现，迈入仿生机器人设计的新阶段。该阶段主要标志性产物有日本早稻田大学创造的第一个完整的人形机器人 WABOT-1（见图 1-5）、世界上第一条仿生机器鱼 ROBOTUNA 等。这些仿生机器人的创造标志着仿生机器人正式迈入电气化。进入 21 世纪后，随着计算机技术、通信技术、控制技术等的蓬勃发展和人类对生物特征研究的不断深入，机电系统开始与生物特性融合，仿生机器人实现了更加灵活的运动和更相近的外观特征。当前仿生机器人已进入更高的发展阶段，旨在具有生物特征和运动形态的基础上实现主动感知、自我控制的特性。近年来，浙江大学的自供电软体机器人登上《自然》（*Nature*）杂志的封面，如图 1-6 所示，首次实现了在万米深海自带能源软体人工肌肉驱控和软体机器人深海自主游动，标志着我国在深海软体机器人领域取得重大突破。随着时间的推移，仿生机器人应用逐渐普及，其已不再是仅限于实验研究、造价昂贵的"奢侈品"。商场、酒店随处可见仿人形服务机器人，如图 1-7 所示。仿爬行的机器人也广泛应用于地形勘探、资源探索等场景，在不惊扰原本生物群的条件下进行高难度工作，极大节约人力成本，为人类生活带来许多便利。未来，仿生机器人将会有更大的突破与发展，可能会和更多新型技术与材料融合，发挥更大的价值与作用。随着科技的不断发展，人们对仿生机器人的期望也将不断提高。然而，随之而来的挑战包括伦理问题、隐私问题以及安全性问题也需要人们在发展科技的同时多加关注。未来的发展需要社会共同努力，确保仿生机器人的应用始终符合道德和法律的规范。

图 1-5　WABOT-1　　　　图 1-6　自供电软体机器人　　　　图 1-7　仿人形服务机器人

1.2　仿生机器人的分类及应用

根据工作环境的多样性，仿生机器人可划分为陆地仿生机器人、水下仿生机器人和空中仿生机器人三个主要类别。此外，一些研究机构还致力于开发水陆两栖机器人、陆空一体化机器人等具备综合应用功能的仿生机器人。这些机器人融合了生物特性，同时还整合了先进的机器人技术，已经在地形勘探、资源探测、抢险救灾等人类难以胜任的任务环境中表现出卓越的应用潜力。

陆地仿生机器人以陆地生物为原型，其运动方式多种多样。根据其运动特性，可将陆地仿生机器人分为仿人机器人、仿生爬行机器人和仿生跳跃机器人等。下面对常见的几类陆地仿生机器人进行介绍。昆虫型机器人模仿昆虫的运动方式，如六足行走，其体积通常较小，能够在狭窄或复杂的环境中移动。例如，Boston Dynamics 的 RHex 就是一种六足机器人，能够在多种地形上稳定运动，如图 1-8 所示。爬行动物型机器人模仿蛇、蜥蜴等爬行动物的运动方式，能在狭小空间中灵活移动，适合进行管道检查或灾难现场的搜索任务。例如，CMU（卡内基梅隆大学）的蛇形机器人就能在狭窄空间中灵活行动，如图 1-9 所示。哺乳动物型机器人模仿猫、狗或其他哺乳动物的运动特点，可以在多种环境中展现高效的运动和适应能力。例如，Boston Dynamics 的 Spot 就是一种四足机器人，其能够在各种地形上行走，并能进行遥控或自主导航。人形机器人模仿人类的形态和运动方式，能够执行复杂的任务，如搬运货物、操作工具等，还可以进行软件开发，运用于服务业中。例如，Honda 的 ASIMO 和 Boston Dynamics 的 Atlas 都是高度先进的人形机器人。

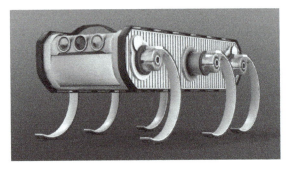

图 1-8　RHex 仿生六足机器人　　　　图 1-9　CMU 的蛇形机器人

水下仿生机器人以水下生物为原型。传统的水下机器人多数采用螺旋桨推进器作为整体机器人的动力系统，虽然螺旋桨推进器能够提供更大的推力和更高的速度，但是由于其旋转速度高，也带来了噪声大、能耗高、效率低的问题。相比之下，模仿水下自然生物游动的机器人具有高效率、低噪声的特点。近年来，世界范围内研究人员多从自然水下生物中获得灵感，不断研发多种水下仿生机器人。世界上第一条仿生机器鱼 ROBOTUNA 诞生于 1994 年，此后水下仿生机器人被科学家们广泛研究。美国麻省理工学院和 Draper 实验室先后研究出 RoboPike、VCUUV 等以尾鳍为主要推进形式的仿生鱼，如图 1-10 所示。水翼法仿生推进的研究则略晚于尾鳍法推进的水下仿生机器人。水翼法推进的水下仿生机器人目前主要灵感来源为以海龟和企鹅为代表的水生生物，具有推进力小但推进效率高的特点。2004 年，美国麻省理工学院研发了 Finnegan 仿生海龟。2005 年，日本与加拿大科学家先后研发出二水翼的 Turtle2005 及四水翼的 Madeleine，具有良好的推力特性，如图 1-11 所示。2023 年，科学家设计了一种基于海豚仿生的滑翔机器人，通过引入偏航关节提高了整体的制动性。水下仿生机器人可以替代潜水员在危险的水下环境进行作业或进行资源勘探，其在民用和军事领域均有广泛的应用。

空中仿生机器人是一种模仿飞行生物（如鸟类、昆虫和其他能够飞行的生物）的运动方式和飞行机理的机器人。这些机器人的设计旨在实现高效的飞行，提高机动性和适应性，并在某些情况下减少噪声。空中仿生机器人在监测、搜索与救援、农业、物流和娱乐等领域有着广泛的潜在应用。但由于空中飞行需要考虑的因素较多，目前空中仿生机器人的研究相对较少，以下是一些空中仿生机器人的例子。鸟类仿生机器人模仿鸟类的飞行方式，包括拍翅和滑翔。例如，Festo 公司的 SmartBird 是一种轻量级的机器人，它的翅膀设计能够模仿真实海鸥的飞行动作，实现优雅而高效的飞行，如图 1-12 所示。昆虫型机器人模仿昆虫的飞行方式，特别是蜜蜂和蜻蜓等具有高度机动性的昆虫。哈佛大学的 RoboBee 就是一种微型飞行机器人，如图 1-13 所示。它模仿蜜蜂的飞行，并且体积小巧，能够在狭小空间中进行精确的飞行操作。蝙蝠因其独特的飞行能力和回声定位系统而成为仿生学研究的一个有趣对象。蝙蝠型机器人可以使用柔性翼膜来模仿蝙蝠的飞行，这种设计可以提供更多的飞行控制和增加能源效率。空中仿生机器人面临的挑战包括能源效率、稳定性、自主导航、避障以及在复杂环境中的适应性。为了解决这些问题，研究人员不仅需要深入研究生物的飞行机理，还需要在材料科学、传感技术、控制系统和人工智能等方面取得进展。随着技术的进步，空中仿生机器人的性能和应用场景将不断扩大，它们可能会在环境监测、精准农业、灾难响应、物流配送和娱乐表演等领域发挥重要作用。

图 1-10 尾鳍法推进仿生鱼

图 1-11 水翼法推进 Turtle2005

图 1-12 SmartBird

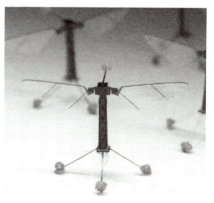
图 1-13 RoboBee

目前，这类仿生机器人目前正处于飞速发展阶段，其应用已从模仿生物体表面的结构和功能，拓展到吸取生物的生存经验，将计算机技术、材料技术、通信技术等多种先进技术融合，实现多样化运动及应用。陆地仿生机器人方面，开发了仿人机器人、仿生爬行机器人和仿生跳跃机器人等多样化运动方式；水下仿生机器人方面，通过模仿水下生物的运动形态，目前可以实现隐蔽的水下探测、水质检测等任务；空中仿生机器人方面，通过模仿鸟类、昆虫和蝙蝠等飞行生物，目前已实现小型化设计，其外观紧凑，配合相对较高的机动性，可以在农业监测、搜索与救援等领域发挥较大作用。尽管仿生机器人已取得飞速发展，但各类机器人仍有许多技术难题需要突破。目前，陆地仿生机器人需要加强在复杂环境中的适应性和复杂任务执行能力，提升机器人对多变条件的应对能力，推动感知和决策技术的进步；水下仿生机器人需要解决推进效率和噪声问题，以提高其在不同任务中的实用性，同时加强在深海和复杂水域的操作性，推动水下勘探和作业技术的发展；空中仿生机器人需要克服能源效率和稳定性挑战，以延长飞行时间和提高飞行稳定性，同时加强自主导航和避障技术，使其在复杂空中环境中更为灵活和安全。未来发展需要深入研究生物学、材料科学、传感技术、控制系统和人工智能等多个领域，使仿生机器人在各领域取得更大的突破，扩大应用场景。

第 1 章习题

请列举一些你对仿生机器人的了解，并说明你对仿生机器人未来发展趋势的看法。

第 2 章　仿生机器人总体设计

仿生机器人作为机电一体化装备，基础在于其机械结构，它是所有组成要素的支持结构。仿生机器人整体由机械结构、动力驱动结构、运动控制结构、传感探测结构和功能执行结构有机结合而成。机械结构设计的重点在于通过观察仿生对象整体的形态、运动轨迹、运动状态等，分析生物体的结构特点并提取运动原理，通过已知的不同基础机械结构的结合实现仿生机器人的运动。在设计过程中，可以通过采用高新技术来实现结构、材料和性能的更新，以满足对仿生机器人设计的多项要求，如减轻重量、缩小体积、提高精度等。机械结构的设计和优化对仿生机器人的功能和性能有着重要影响，包括零部件的几何尺寸、表面性质、制作精度等。机械结构设计的任务是基于总体机构设计和原理方案，确定并绘制结构图以体现所需功能，要考虑材料、形状、尺寸、公差、热处理和表面状态等因素，同时须考虑加工工艺、强度、刚度和精度等。经过探索与实践，仿生机器人的设计流程图如图 2-1 所示。

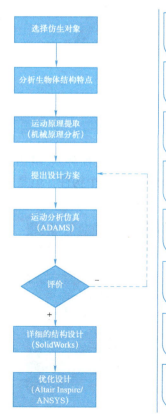

这是一个关键的起始步骤，选择合适的仿生对象对于后续的设计至关重要。选择时需要考虑其运动特性、生存环境和适应性等因素是否符合机器人的预期功能和应用场景

生物体的结构特点分析是确保机器人设计能够有效模仿生物体的关键环节。这一步骤要求设计者具有跨学科的知识，能够理解生物学、力学和材料学等相关知识

通过机械原理来分析生物体的运动可以帮助设计者理解哪些生物学特性是可以被机械系统模仿的以及如何模仿。这可能涉及动力学、控制理论等领域

设计方案的提出需要创造性思维和工程实践相结合。这一步应该得到初步设计概念，并对可能的技术挑战进行预测和规划，可以使用运动机构简图或粗略的建模来说明方案

在详细设计之前，进行仿真是验证设计方案是否可行的重要步骤。这可以帮助发现潜在的问题，如运动学冲突、力学不稳定等，并且节省时间和成本

对方案进行运动分析后，根据分析结果来决定是进行下一步的详细设计，还是在原理上进行一定的修改再进行设计

在这一步骤中，设计的每一个细节都需要被考虑，包括材料选择、制造工艺等。本书采用3D打印作为主要的制造工艺，并使用SolidWorks、UG等三维建模软件进行详细设计

优化设计是确保机器人性能最优化的关键步骤。使用如ANSYS这样的软件进行结构分析、热分析等可以预测和改善设计中的潜在问题

图 2-1　仿生机器人的设计流程图

2.1 仿生机器人总体设计基础

2.1.1 仿生机构设计知识

1. 机构的组成

机构是指由两个或两个以上构件通过活动连接形成的构件系统。机构由运动副和构件组成。机构是组成机器人运动部分的主体。在仿生机器人中，需要通过合理的选择与设计来实现机器人的仿生运动，可以说机构的好坏直接影响着仿生机器人的运动性能。得益于电动机制造与控制领域的发展，目前一部分仿生产品采用多个电动机直驱关节的方法来实现仿生运动，如常见的链式机械手以及仿生蜘蛛机器人（图2-2）等。这种设计减少了仿生机器人对机构设计的依赖，但是相应也增加了控制的复杂性以及故障率，降低了机器人的续航能力。

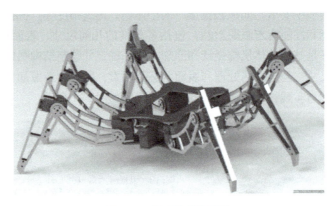

图2-2 仿生蜘蛛机器人

（1）构件

构件是指机构中可相对运动的单元体（用于连接相邻关节的刚体），其由单个或多个零件刚性组合而成。如图2-3所示，费斯托仿生蜻蜓的翅膀是一个构件，但是它由多个零件组成。

图2-3 费斯托仿生蜻蜓

每个构件的组成零件一定要根据现有的零件加工条件、装配的难易程度、机械的运动环境等进行设计，以便经济、高效地完成零件的制作。以 3D 打印为例，光固化和 FDM 式打印机的精度不同，设计时就要考虑相对应的余量，以免发生干涉与装配问题。

（2）运动副

运动副是指两个构件直接接触组成的可动连接。它限制了两个构件之间的某些相对运动。在设计机构的过程中，合理选择运动副使机构具有确切的运动十分重要，同时要注意不同运动副的优缺点。运动副可以按两构件的接触形式、约束方式以及两构件之间的相对运动方式进行分类。

1）按两构件的接触形式分类。按两构件的接触形式，可将运动副分为高副和低副。

① 高副。两构件之间是点或线接触的运动副称为高副。高副采用点或线接触的方式，它们的接触面较小，其通常涉及较复杂的运动控制和力的传递机制。在仿生设计过程中，常用的高副为齿轮副和凸轮副，如图 2-4a~d 所示。

a)　　　　　b)　　　　　c)　　　　　d)　　　　　e)

图 2-4　高副与低副实例

② 低副。两构件之间是面接触的运动副称为低副。接触面可以是平面，如滑块在平面上移动，如图 2-4e 所示；也可以是曲面，如圆柱轴在孔内转动或移动。

根据高副、低副的分类标准以及中学所学的力学知识可知，在承受同等作用力时，高副具有更高的压强，所以在机械领域中，低副应用十分广泛。在仿生机器人设计过程中，如果能用低副解决，依旧建议使用低副。使用高副时，则需要考虑制作工艺、材料特性、实际工况等。

2）按两构件的约束方式分类。在三维空间中，每个构件有六个自由度。当两个构件用运动副连接后，其运动会受到运动副的约束。运动副提供的约束数 C 和自由度数 F 之和为 6，即 $F+C=6$。若 $C=6$，则说明两构件之间为刚性连接而失去运动副的意义；若 $C=0$，则说明两构件之间没有连接。

可按运动副提供的约束对运动副进行分类。提供 1 个约束的运动副称为 Ⅰ 类副，提供 2 个约束的运动副称为 Ⅱ 类副，提供 3 个约束的运动副称为 Ⅲ 类副，提供 4 个约束的运动副称为 Ⅳ 类副，提供 5 个约束的运动副称为 Ⅴ 类副。常用的有 Ⅲ 类副和 Ⅴ 类副。

Ⅲ 类副是具有 3 个约束和 3 个自由度的运动副。图 2-5a 所示的球置于球面槽中，形成典型的球面副，用 S 表示球面副。球面副限制了沿 x、y、z 轴的移动，保留了绕 3 个轴转动的自由度。图 2-5b 所示为球面副的符号。球面副在空间机构中应用广泛，如图 2-6

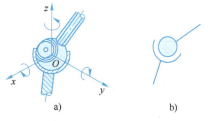

a)　　　　　b)

图 2-5　Ⅲ 类副实例 1

所示的肩关节。

V类副是具有 5 个约束和 1 个自由度的运动副。当旋转副中仅有一个绕轴线的转动自由度时，名称用 R 表示。当移动副中仅有 1 个沿导路方向的移动自由度时，名称用 P 表示。在图 2-7 所示的螺旋副中，沿轴线的移动和绕轴线的转动线性相关，所以只有 1 个移动自由度，名称用 H 表示。

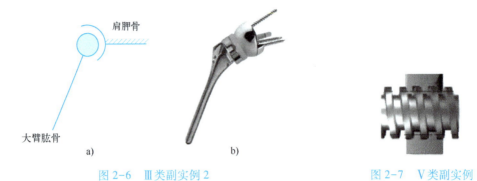

图 2-6　Ⅲ类副实例 2　　　　　　　　　　　　　图 2-7　V类副实例

按照约束方式分类，常见运动副及其图形符号见表 2-1。

表 2-1　常见运动副及其图形符号

运动副名称及代号		运动副模型	运动副级别及封闭方式	图形符号	
				平面表示符号	空间表示符号
平面运动副	旋转副（R）		V类副几何封闭		三维　轴面　端面
	移动副（P）				
	平面高副（RP）		Ⅳ类副力封闭		

（续）

运动副名称及代号		运动副模型	运动副级别及封闭方式	图形符号	
				平面表示符号	空间表示符号
平面运动副	槽销副（RP）		IV类副几何封闭		
	复合铰链（R）		2-V类副几何封闭		
空间运动副	点高副（RRRPP）		I类副力封闭		
	线高副（RRPP）		II类副力封闭		
	平面副F（RPP）		III类副力封闭		
	球面副S（RRR）		III类副几何封闭		
	球销副S'（RR）		IV类副几何封闭		

（续）

运动副名称及代号		运动副模型	运动副级别及封闭方式	图形符号	
				平面表示符号	空间表示符号
空间运动副	圆柱副 C（RP）		Ⅳ类副 几何封闭		
	螺旋副 H（RP）		Ⅴ类副 几何封闭	（开合螺母）	

3）两构件之间的相对运动方式分类。空间中构件的六个自由度分别是三个正交相关方向上的移动和转动，两构件之间的相对运动也只有移动和转动，其他运动形式可以看作移动和转动的合成运动。

① 旋转副。两个构件之间的相对运动为转动的运动副称为旋转副。图 2-8a 所示为构件 2 固定、构件 1 在平面内转动的旋转副，对应的图形符号如图 2-8b 所示；图 2-8c 所示为连接两个做平面运动构件的旋转副，对应的图形符号如图 2-8d 所示；图 2-8e 所示为连接两个做空间运动构件的旋转副，由于构件 1 相对构件 2 绕 x、y、z 三个坐标轴转动，其运动为球面空间运动，该类运动副称为球面副，对应的图形符号如图 2-8f 所示。球面副是空间旋转副。

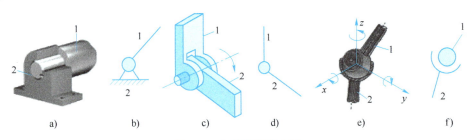

图 2-8 各类旋转副实例

② 移动副。两个构件之间的相对运动为移动的运动副称为移动副。图 2-9a、b 所示为构件 1 相对构件 2 的移动副。若两个构件均是运动构件，则对应的图形符号如图 2-9c 所示；若其中某一构件固定，如构件 2 固定，则对应的图形符号如图 2-9d 所示。

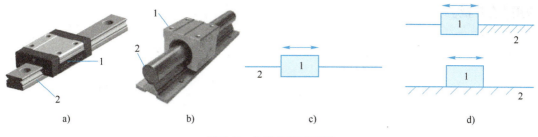

图 2-9　各类移动副实例

③ 圆柱副。两个构件之间的运动既有转动又有移动的运动副称为圆柱副。图 2-10a 所示为圆柱副，图 2-10b 所示为圆柱副的图形符号。圆柱副也是空间运动副。

图 2-10　圆柱副实例

（3）运动链

运动链是指用运动副连接而成的相对可动的构件系统。

当运动链中某一构件固定不动成为机架时，运动链即是机构。机架相对于该运动物体是固定不动的。运动链按组成运动链的各构件是否构成首尾封闭的系统，可分为闭链和开链；按组成运动链的各构件的运动方式，可分为平面运动链和空间运动链。

若运动链中的各构件构成了首尾封闭的系统，则称为闭链。闭链中每个构件上至少有两个运动副元素。图 2-11a、b 所示运动链为闭链。图 2-11c 所示为含有两个运动副元素的构件。

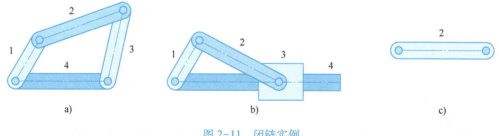

图 2-11　闭链实例

闭链之间的构件可以相对运动，自由度大于 0。有些构件系统看起来像闭链，如图 2-12 所示，但是各构件间均不能做相对运动，实际上是理论力学中的桁架。该系统在运动中只相当于一个运动单元，即是一个构件。

若各构件之间没有形成首尾封闭的系统，则称为开链。开链中首尾构件仅含有一个运动元素。图 2-13 所示运动链为开链，构件 3、4 只含有一个运动元素。开链在仿生机械领域中应用十分广泛。

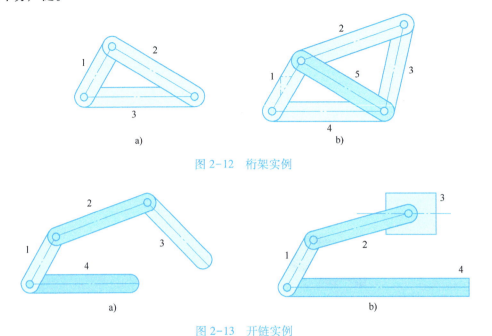

图 2-12　桁架实例

图 2-13　开链实例

组成运动链的各构件在同一个平面或平行平面内运动，称为平面运动链。在各大高校的本科教学中，平面运动链是基础内容。组成运动链的各构件不在同一个平面内运动，称为空间运动链。图 2-14a、b 所示为空间闭链，图 2-14c 所示为空间开链。空间开链机构在仿生机械中也有广泛应用。

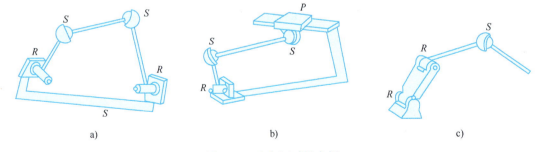

图 2-14　空间运动链实例

2. 机构运动简图

一般来说，需要先设计好机构运动简图，再进行后续的设计。机构简图是最本质的设计稿。各个构件之间的相互连接方式，是否采用轴承减少摩擦，选择什么样的螺栓、螺母等都是实现机构简图的手段。鱼类的机构简图如图 2-15 所示。

用简单的线条和运动副的图形符号表示机构组成情况的简单图形，称为机构简图。如按比例尺画出，则称为机构运动简图；否则称为机构示意图。机构运动简图所反映的主要信息是机构中构件的数目、运动副的类型和数目、各运动副的相对位置即运动学尺寸。

机构运动简图的具体画法如下。

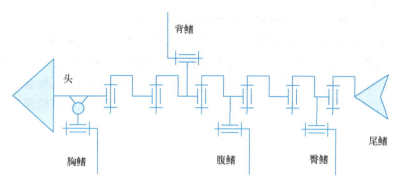

图 2-15 鱼类的机构简图

1）找出主动件和从动件。

2）使机构缓缓运动，观察其组成和运动情况。

3）沿主动件到从动件的传递路线找出构件数目和运动副的数目与种类。

4）选择大多数构件所在平面为投影面。

5）测量各运动副之间的尺寸，用运动副表示各构件的连接，选择适当比例尺画出机构运动简图。

水母的机构运动简图如图 2-16 所示。

水母在曲柄机构 *ABC* 的基础上，连接一个 Ⅱ级杆组 *DEF*。该系统采用平行四边形缩放机构，可以增大摆杆 *EF* 的行程并节约驱动力。滑块的移动机构采用凸轮机构实现，总体结构比较简单。

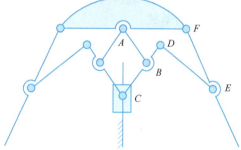

3. 机构自由度计算

提到自由度，首先要注意自由度前面的定语。例如，前面提到过空间自由度最高是六，

图 2-16 水母的机构运动简图

但是我们也听到过如七自由度机械臂这种机器人。这里所提到的七自由度是从另一个角度出发：已知机器能完成确定的动作，所以动力源的个数等于其自由度个数。即一个动力源（不考虑新兴的多轴动力源）只能提供一个自由度，故而一个串联机械臂有几个动力源便可称拥有几个自由度（轴），其简图如图 2-17 所示。

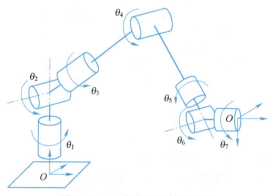

图 2-17 七自由度机械臂简图

在一般的自由度计算中，则从另一个角度出发：机构是由构件组成的，机构所具有的自由度，自然便是所有构件的自由度减去其所受约束后剩余的自由度个数。在日常接触到的机器中，通常使用平面机构进行设计，因为平面机构通常结构简单，加工、装配难度较低，维护、修理方便。在运动要求并不高的情况下，机器优先使用平面机构无疑会更加具有产品竞争力。但是在仿生领域中，平面机构可能并不能满足需求，需要空间机构来实现机器人的灵活性和适应性。

本书以平面机构自由度计算为切入，随后拓展到空间机构自由度计算中，并指出两者的联系与区别。

（1）平面机构自由度的计算

在二维平面中，每个构件只有三个自由度，分别是两个非线性相关方向上的移动以及绕垂直于纸面方向上的转动。构件相互连接后，会形成运动副，其运动便会受到一定的限制。平面机构中常见的旋转副、移动副等运动副，约束了平面上的两个自由度；而常见的凸轮副则只约束了一个方向上的移动。构成低副的两构件接触表面为面接触，构成高副的两构件接触表面为点或线接触。在平面构件中，两构件想要维持其面接触，只能绕垂直于纸面方向上旋转或沿接触面移动，所以约束了两个自由度；而两构件维持其点线接触，则既可以绕过接触点垂直于纸面的轴旋转，又可以在非约束方向上移动，所以约束了一个自由度。

故而有计算式

$$F = 3N - 2P_{\mathrm{L}} - P_{\mathrm{H}} \qquad (2-1)$$

在实际的机构中，常常需要一个稳定不动的构件，即机架。机架固定不动，所以其约束为3，故而有

$$F = 3N - 2P_{\mathrm{L}} - P_{\mathrm{H}} - 3 \qquad (2-2)$$

所以最终可以得到计算式

$$F = 3n - 2P_{\mathrm{L}} - P_{\mathrm{H}} \qquad (2-3)$$

式中，n 是可活动构件的个数。该式即是机械原理书籍中的机构自由度计算公式。

【例2-1】图2-18所示为仿生青蛙机器人的腿部连杆机构，计算其自由度。

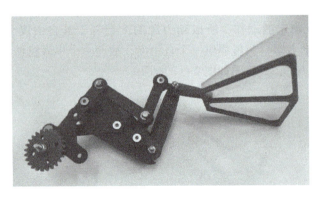

图2-18 仿生青蛙机器人腿部连杆机构

【解】观察蛙腿可知，其为八杆机构，画出其运动简图如图2-19所示。

运动杆件 $n=7$，共有10个旋转副，则该机构自由度为

$$F = 3 \times 7 - 2 \times 10 = 1$$

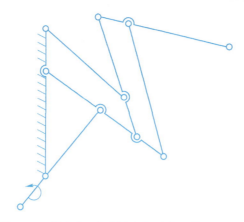

图 2-19　仿生青蛙机器人腿部连杆机构运动简图

　　前面讨论自由度定语时提到过，机器具有确定的运动，其自由度的个数要等于动力源的个数。这便是机构具有确定运动的条件。换一种角度来说：构件具有自由度，但是单独的构件并不能直接运动，所以需要动力源来提供运动。动力源如电动机、电推杆能提供一个方向上的旋转和一个方向上的移动，所以一个具有确切运动的机构有几个动力源便有几个自由度（一般情况下，没有确切运动的机构不是设计者想要的机构，因为其不具有稳定性）。故而四杆机构只需要一个动力源即可有确定的运动，而五杆机构则需要两个动力源。

　　平面机构自由度计算中的注意事项如下。

　　前面在讲述自由度计算的思路时，仅仅考虑了构件之间的运动副所带来的约束问题，但是实际上，由于一个构件可能会和多个构件组成运动副，此时各种运动副之间将产生相互作用，这会导致非执行构件具有局部自由度、一些约束与其他约束的作用重复（虚约束）以及复合铰链三种问题。

　　从运动学角度上看，产生的这种现象并没有意义，但是在实际工程中，从力学角度看这样可以减少机构磨损。读者在设计机器人的过程中，可以酌情使用。如需要使用凸轮机构，建议设计相应的局部自由度来改善摩擦。

　　如图 2-20a 所示，滚子 2 与推杆 3 通过旋转副连接，这时滚子 2 相对于推杆 3 具有一个旋转的自由度。此时，当除滚子 2 外所有构件固定不动时，滚子 2 依旧可以转动。这种机构中不影响其输出与输入运动关系的个别构件的独立运动自由度称为局部自由度。对于这种情况，可以直接减去这个局部自由度。另一种处理这种情况的方法是，将滚子 2 与推杆 3 之间的旋转副取消，改为刚性连接，如图 2-20b 所示。

　　虚约束是指在机构中，多个约束重复而对机构运动不起新的限制作用的约束。如图 2-21 所示，四杆机构的四个构件恰好组成一个平行四边形时，可以在其中加入多个平行于杆 1、杆 3 的构件，但是显然这些构件并没有提供约束。因为添加这些构件前后，E 点处的运动轨迹并没有变化。

　　虚约束的种类比较多，本书列举常见的几种虚约束如下。

　　1）两构件用多个旋转副连接，旋转副轴线重合。在旋转副的实际应用中，多用两点支撑的方式构成旋转轴，此时每根轴处都有两个旋转副。在图 2-22 所示的齿轮机构中，构件 1、2 与机架连接的每根轴处都有两个旋转副。计算机构自由度时，每根轴上仅计一个旋转副，余者为虚约束。

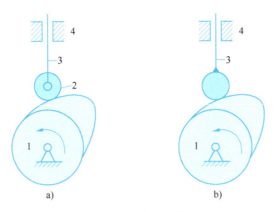

图 2-20　凸轮机构
1—凸轮　2—滚子　3—推杆　4—构件

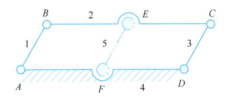

图 2-21　有虚约束的平行四边形机构

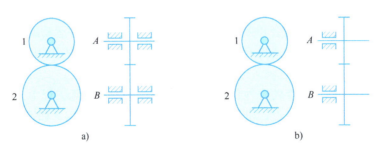

图 2-22　有虚约束的齿轮机构

2）两构件用多个移动副连接，移动副移动方向平行。在移动副中，有时固定滑轨，移动滑块；有时固定滑块，移动滑轨。当移动滑轨时，为了使滑轨细长杆件不发生过多的形变，常会多固定几个滑块，此时计算机构自由度时，仅考虑一个移动副，如图 2-23 所示。

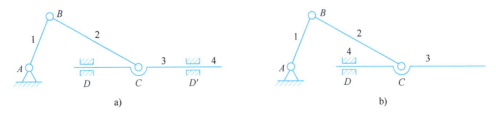

图 2-23　含移动副的运动机构

3）两构件用多个高副连接，且各高副处的公法线重合。在图 2-24 所示的机构中，圆

形构件与框架在 A、B 两处形成两个高副，且各高副处的公法线重合，计算机构自由度时，仅考虑一个高副，余者为虚约束。

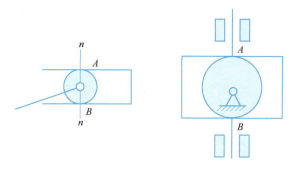

图 2-24　多高副的运动机构

4）不起约束作用的构件。除了前面提到的平行四边形机构，还有如下两种机构。在图 2-25a 所示的轮系机构中，Z_1、Z_2、Z_3、H 组成一个具有确定运动的轮系机构，为平衡行星轮 2 的惯性力，在其对称方向又安装一个行星轮，该行星轮连同支承该齿轮的旋转副为虚约束，计算自由度时应该去掉。

在图 2-25b 所示机构中，$AB=AC=OA$。没有构件 OA 之前，A 点的运动轨迹是以 O 为圆心、OA 为半径的圆。加装构件 OA 后，A 点的轨迹没改变，因此 OA 为虚约束。在计算自由度时应该去掉带有两个旋转副元素的构件 OA。这类约束的判断比较复杂，一般要经过几何证明。

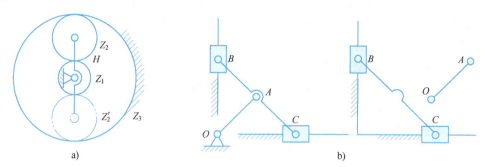

图 2-25　含虚约束的运动机构 1

5）用运动副和构件连接两构件上两点间距离在运动过程中始终保持不变。在图 2-26a 所示机构中，B、C 两点之间的距离不随机构的运动而改变，若 B、C 两点用构件 BC 连接，则形成了虚约束。处理方法是将构件 BC 连同旋转副元素 B、C 一起去掉，则消除了虚约束，如图 2-26b 所示。

两个以上的构件在同一处以旋转副连接，则形成复合铰链。在计算机构自由度时，必须注意正确判别复合铰链，否则会发生计算错误。图 2-27 所示为含复合铰链的运动机构。图 2-27a 所示为转动连接，有两个旋转副；图 2-27b 所示为两个活动构件 1、2 与另一个活动构件（滑块 3）的转动连接，有两个旋转副；图 2-27c 所示为构件 1 与两个滑块 2、3 之间的旋转副连接，也有两个旋转副。

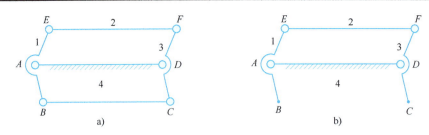

图 2-26　含虚约束的运动机构 2

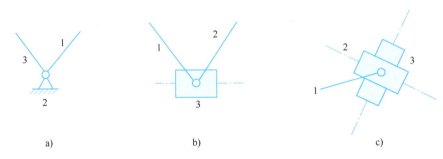

图 2-27　含复合铰链的运动机构

（2）空间连杆机构的自由度计算

有些仿生机械的传动机构和执行机构也经常采用空间机构，所以有必要学习空间机构自由度的计算方法。空间连杆机构的自由度计算思路与平面连杆机构的自由度计算思路相同。不同的是，平面中可以使用低副、高副来区分约束个数，但是空间中则不可以此来区分。

三维空间中的每个自由构件有 6 个自由度，n 个构件则有 $6n$ 个自由度。这些构件用运动副连接组成机构后，构件的运动就会受到运动副的约束。n 个构件的自由度总数 $6n$ 减去各运动副的约束总数，就是空间机构的自由度数。

在计算空间机构的自由度时，设机构中的 I 类副数目为 P_1，则其提供的约束为 $1P_1$；II 类副数目为 P_2 个，则其提供的约束为 $2P_2$ 个；III 类副的数目为 P_3，则其提供的约束为 $3P_3$ 个；IV 类副的数目为 P_4，则其提供的约束为 $4P_4$；V 类副的数目为 P_5，则其提供的约束为 $5P_5$ 个。

空间连杆机构的自由度为

$$F = 6n - (P_1 + 2P_2 + 3P_3 + 4P_4 + 5P_5) \tag{2-4}$$

【例 2-2】计算图 2-28a、b 所示狗与鸟的自由度。

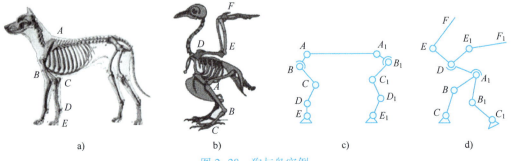

图 2-28　狗与鸟实例

【解】

在图 2-28c 所示机构中，视狗的身体为机架，由于每条腿的机构相同，可只计算一条腿的自由度。因为 $n=5$，$P_3=1$，$P_5=4$，所以

$$F=6\times5-(3\times1+5\times4)=7$$

在实际的仿生设计中，一般不会使用如此多的自由度，一般简化为 3 个自由度。在图 2-28d 中，可分别计算翅膀和腿的自由度。因为 $n=2$，$P_3=1$，$P_5=1$，故翅膀自由度为

$$F=6\times2-(3\times1+5\times1)=4$$

在实际的仿生设计中，一般将翅膀自由度简化为 2~3 个。因为 $n=3$，$P_5=3$，故腿的自由度为

$$F=6\times3-(5\times3)=3$$

【注意】这里请读者务必分清，在机械原理书籍中，平面高副提供一个约束，平面低副提供两个约束是仅限于特定情况下：平面中。在空间中则万万不要用低副、高副的分类来判断约束个数。例如，图 2-29 所示的两种空间高副分别提供两个约束（一个方向上的旋转和一个方向上的移动）和一个约束（某方向上的移动）。

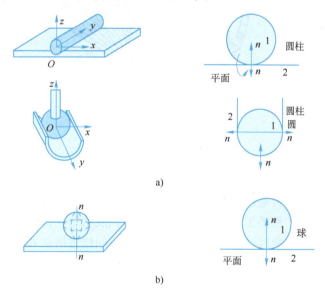

a)

b)

图 2-29　两种空间高副

实际上空间连杆机构种类繁多，其自由度计算也比较复杂。例如，并联机器人，其自由度计算通常是基于运动学和机构学的原理来进行的。旋量是一种用于描述刚体运动的数学工具。旋量理论（Screw Theory）将空间中的刚体运动描述为旋转（Rotation）和平移（Translation）的组合。这种运动可以由旋量（一个六维向量）来表示。在机器人学中，旋量被用来分析每个关节对末端执行器位置和姿态的贡献，从而确定整个机器人的自由度。在设计仿生机器人的过程中，越是按照动物的真实结构模仿动物，机构运动简图就越复杂，其自由度越多，设计和控制难度就越大。在满足运动条件的前提下，机构自由度越少越好。以图 2-30 所示青蛙为例，其腿部由股骨、胫腓骨、跗骨、跖骨以及趾骨组成，在设计时可以简化跗骨、跖骨与趾骨为一个构件。

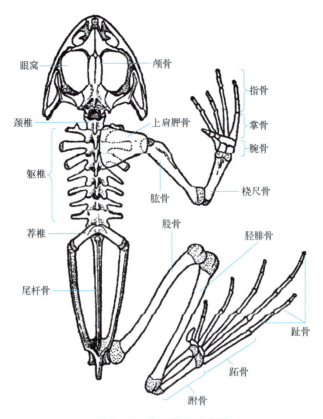

眼窝
颅骨
颈椎
躯椎
荐椎
尾杆骨
指骨
掌骨
腕骨
上肩胛骨
肱骨
桡尺骨
股骨
胫腓骨
趾骨
跖骨
跗骨

图 2-30   青蛙骨骼示意图

2.1.2   仿生生物运动特性捕获

　　仿生生物运动特性分析是设计仿生装置的前提。被动式光学动作捕捉系统是研究者用于捕获仿生生物运动特性的重要工具。该系统将反光标识点粘贴在目标生物上，利用红外光学镜头捕捉反光标识点，并通过计算重构标识点的三维空间位置信息来获取目标生物的运动数据。吉林大学的一个研究团队以德国牧羊犬为研究对象，利用 8 台红外光学镜头，实时捕捉德国牧羊犬各关节三维空间坐标信息，为运动学分析提供可靠的数据。通过对其不同步态的时序进行运动学分析，来研究德国牧羊犬步态运动学特性，定量分析德国牧羊犬的运动稳定性，建立仿犬四足运动模型的运动学及动力学计算模型，为四足机器人仿生设计及稳定性判断提供理论依据。基于德国牧羊犬生理结构，在数据捕捉前在其体表粘贴 27 个反光标识点（实验标记点），如图 2-31 所示。

　　有些生物由于其生长环境的特殊性，如深海动物，无法使用运动捕捉相机进行运动特征捕获。在这种情况下，可以搜集网络上生物运动视频，导入 AE 软件中进行单点跟踪，再通过计算三维空间位置信息获取目标生物运动数据。下面将简要介绍 AE 软件单点跟踪步骤。

　　通过选择"窗口"选项，打开"跟踪器"，跟踪器窗口出现在右下角。设置运动源，即需要跟踪的生物运动视频，如图 2-32 所示。

　　设置跟踪点，这里以蛙的其中一只后腿为例，单击"分析"按钮进行路径生成，如图 2-33 所示。

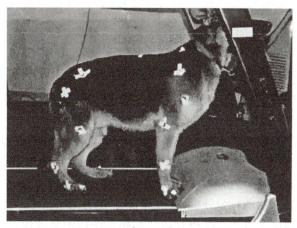

图 2-31　吉林大学动物捕捉图示

图 2-32　AE 软件跟踪器

图 2-33　AE 软件单点跟踪轨迹

2.2　仿生机器人总体设计工具

2.2.1　机构运动仿真软件——ADAMS

1. 软件简介

在当今工程和科学领域中，多体动力学仿真成为了解和优化复杂系统运动行为不可或缺的工具。MSC 软件公司的 ADAMS 软件在这一领域占据着重要地位，以其强大的功能和广泛的应用而备受研究者和工程师的青睐。ADAMS 软件是一款领先的多体动力学仿真工具，致力于解决复杂机械系统的运动行为分析与优化问题，其核心理念基于多体动力学原理，通过数值模拟方法实现对系统中各个部件相对运动和相互作用的精确建模。ADAMS 软件提供了强大而灵活的功能，涵盖多体系统建模、运动分析、控制系统模拟、优化与灵敏度分析等方面，广泛应用于汽车、航空航天、机械工程等领域。用户可以通过直观的界面和丰富的建模工具，轻松创建复杂的多体系统模型，并通过仿真获取详尽的动力学性能数据。ADAMS 为工程师和设计者提供了强大的工具，用于研究、优化和改进各种机械系统的性能，其具有以下功能特点。

1）多体动力学基础。ADAMS 的核心功能是执行多体动力学分析，该分析涉及多个刚体或弹性体的运动和相互作用。通过对系统中各个部分的动力学行为进行建模，用户能够深入了解机械系统的复杂运动。

2）刚体和弹性体建模。ADAMS 允许用户对刚体和弹性体进行建模，从而更准确地模拟机械系统的振动和变形。这种能力对于处理现实世界中的复杂结构和材料非常重要，因为它允许工程师考虑系统中的弹性连接和结构。

3）添加关节和连接。软件提供了多种关节和连接类型，包括旋转关节、球关节等，使用户能够精确地建模系统中的连接和运动限制。这对于模拟各种机械系统，如机械臂、悬挂系统或其他复杂装置的运动，是至关重要的。

4）添加约束和力。用户可以定义各种运动和力学约束，如关节、弹簧和阻尼，以模拟系统中的实际约束条件。这有助于更真实地模拟机械系统的行为，确保仿真结果符合实际工程场景。

5）控制系统分析。ADAMS 不仅限于动力学分析，还可用于模拟和分析控制系统。用户可以评估系统对不同输入的响应，从而更好地了解和优化系统的控制性能。这使得ADAMS 在设计机械系统时，尤其是需要考虑自动化和控制方面的应用时，成为一款强大的工具。

6）仿真结果可视化。软件提供了直观的可视化工具，用户可以通过动画、图表和其他可视化方式查看仿真结果。这有助于工程师更全面地理解系统的行为，提高对系统性能的洞察力。

7）车辆动力学应用。在汽车工业中，ADAMS 广泛应用于模拟车辆的运动和悬挂系统。工程师可以使用 ADAMS 来评估车辆在不同道路条件下的性能，优化悬挂系统设计，提高驾驶舒适性和稳定性。

8）机械系统设计优化。ADAMS 可以与其他工程软件集成，用于优化机械系统的设计。

通过结合其他设计工具，用户可以更好地理解系统的全局性能，并采取措施提高系统的效率、可靠性和成本效益。

ADAMS 软件在机械工程领域中扮演着至关重要的角色，其多体动力学分析、刚体和弹性体建模、添加关节和连接、添加约束和力、控制系统分析等功能，使工程师能够深入研究机械系统的运动行为，从而提高设计的准确性和效率。无论是优化运动系统，还是改进其他机械装置的性能，ADAMS 都是一款强大而灵活的工具。

ADAMS 软件提供了直观而灵活的建模工具，使工程师能够对复杂的多体系统进行准确的建模。这里将简要介绍 ADAMS 的用户界面和建模工具，包括如何创建模型、约束等，并如何将它们组合成一个完整的多体系统模型。同时 ADAMS

软件的一项重要功能是进行运动分析和仿真。读者将通过实例了解如何有效地利用 ADAMS 的建模功能，以及如何利用 ADAMS 进行动力学性能的全面分析。

2. 软件实操

打开 ADAMS 软件，进入启动界面，可以新建模型或打开现有的模型。初次打开软件后，选择"新建模型"选项，建立一个空白的工作区，如图 2-34 所示。

图 2-34　空白的工作区

在"创建新模型"对话框中编辑模型名称、重力（正常重力、无重力或自己设定）、单位和工作路径，注意名称、工作路径必须全英文。单击"确定"按钮进入工作界面，在主菜单中选择"文件"→"保存数据库"选项或按〈Ctrl+S〉保存文件，各区域功能如图 2-35 所示。

接下来通过一个简单的实例来介绍 ADAMS 各区域的具体功能。

（1）设置工作环境

首先在主菜单中选择"设置"→"单位"选项，将单位修改为标准国际单位，方便后续建模和确定参数，如图 2-36 所示。

图 2-35　各区域功能

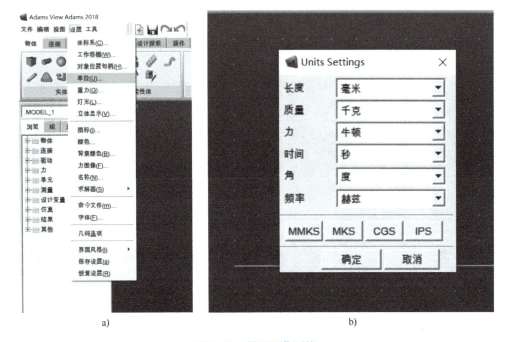

图 2-36　设置工作环境

（2）设置工作网络

在主菜单中选择"设置"→"工作格栅"选项，根据实际建模情况，将网格尺寸设置为合适大小（默认工作格栅区域大小为 750 mm×500 mm，格栅点间隔为 50 mm），方便后续建模，如图 2-37 所示。

a)   b)

图 2-37 设置工作网络

（3）创建物体模型

在建模工具区域的物体建模区，可以选择创建立方体、圆柱体、球体等实体模型。这里以连杆结构为例，建立一个四连杆结构。首先创建机架 1，选择建模工具区域的物体建模区中的"刚体：创建连杆"选项，填写参数为长度 70.0 cm、宽度 4.0 cm、深度 2.0 cm。将机架的左端放置在原点，右端放置在同一水平线上，如图 2-38 所示。

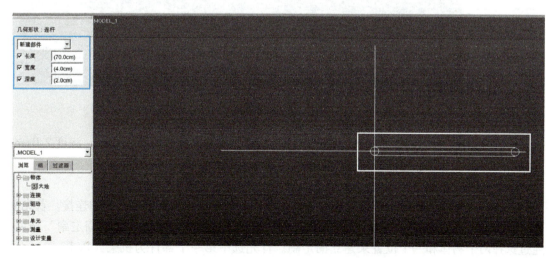

图 2-38 机架设置

创建曲柄 2，选择"刚体：创建连杆"选项，填写参数为长度 20.0 cm、宽度 4.0 cm、深度 2.0 cm。将曲柄的一端放置在原点，另一端放置在同一竖直线上，如图 2-39 所示。

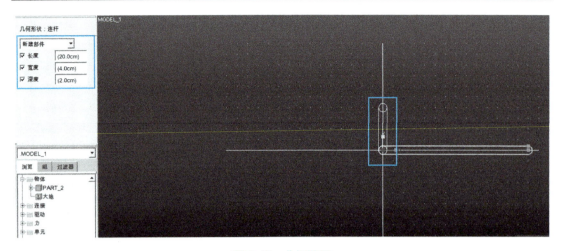

图 2-39　曲柄设置

创建连杆 3，选择"刚体：创建连杆"选项，填写参数为长度 50.0 cm、宽度 4.0 cm、深度 2.0 cm。将连杆的一端放置在曲柄一侧，另一端放置在合适的位置（满足四连杆杆长要求即可），如图 2-40 所示。

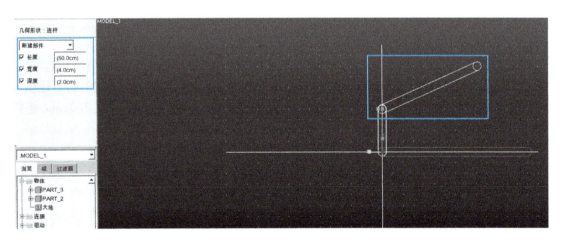

图 2-40　连杆设置

最后创建摇杆 4，选择"刚体：创建连杆"选项，填写参数为宽度 4.0 cm，深度 2.0 cm，并取消勾选长度选项。将摇杆两侧分别连接连杆和机架，如图 2-41 所示。

（4）创建连接模型

至此，四连杆的物体模型已经建立完成。接下来创建这些物体模型之间的连接。首先创建机架 1 与大地之间的固定副。选择建模工具区域的连接建模区中的"创建固定副"选项，通过选择两个物体和一个位置来建立固定副。首先选中第一个部件为机架（PART_2），再选择第二个部件为大地，选择位置为机架的中心，建立固定副。建立四个杆件之间的旋转副，使四杆机构能够按照期望条件转动。选择"创建旋转副"选项，选中第一个部件为机架（PART_2），再选择第二个部件为曲柄（PART_3），选择位置为机架和曲柄连接处，建立旋转副 1。同理建立曲柄与连杆间旋转副 2、连杆与摇杆间旋转副 3、摇杆与机架间旋转副 4，最终如图 2-42 所示。

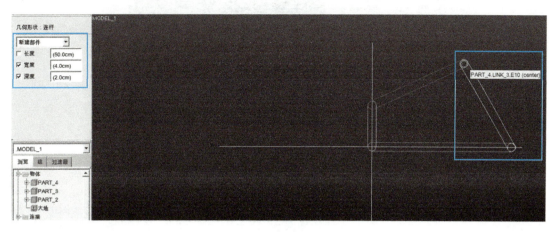

图 2-41　摇杆设置

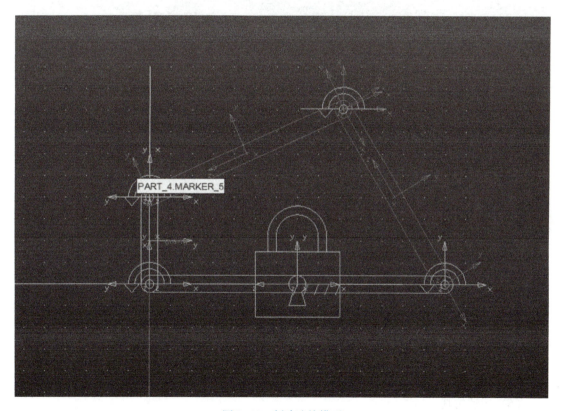

图 2-42　创建连接模型

（5）创建驱动模型

至此已经完成了物体和物体间连接约束的建立。接下来添加运动副驱动，通过驱动曲柄使四杆机构运动。选择建模工具区域的驱动建模区中的"旋转驱动"选项，将旋转速度修改为"40.0"，选中旋转副"JOINT_2"，将驱动建立在曲柄与机架间的旋转副上，建立转动驱动，如图 2-43 所示。

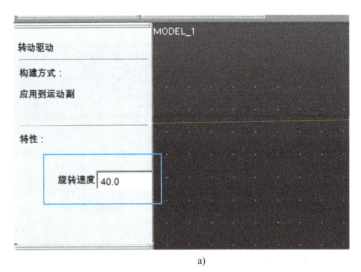

a)

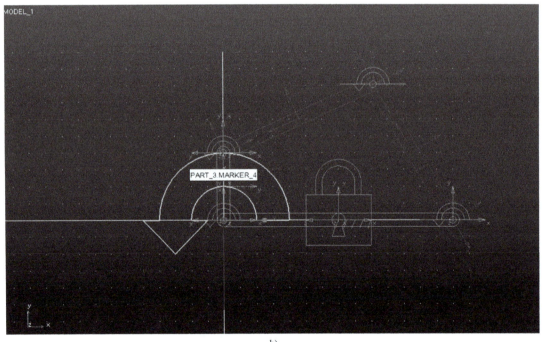

b)

图 2-43　创建驱动模型

（6）运动仿真

至此已经完成了初步模型的建立。接下来可以进行运动仿真。选择仿真区中的"运动交互仿真"选项，将终止时间设定为"25.0"，仿真步长设定为"0.1"，进行运动仿真，如图 2-44 所示。仿真结束后结果保存在设计树的"仿真"和"结果"中。

（7）仿真分析

选择结果区中的"后处理"选项，进入后处理界面。例如，此处对摇杆的 X 和 Y 方向的位置曲线进行分析。选择对象为"PART_5"，特征为"CM_Position"，分量分别为 X 和

Y，将曲线描述出来，如图 2-45 所示。还可以将图中的数据导出，选择"文件"→"选择路径"选项，先设定好电子表格导出后的路径；接下来选择"文件"→"导出"→"表格"选项，选择刚刚分析的图形，形式为"电子表格"，单击"确定"按钮。

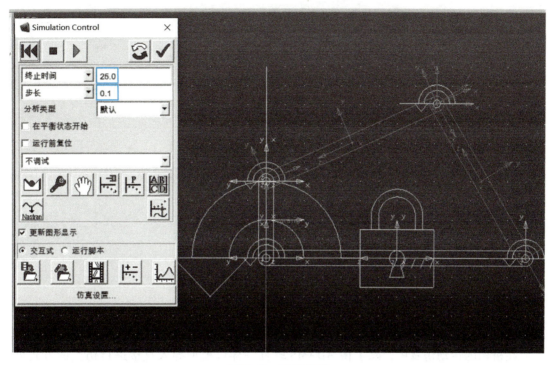

图 2-44　运动仿真

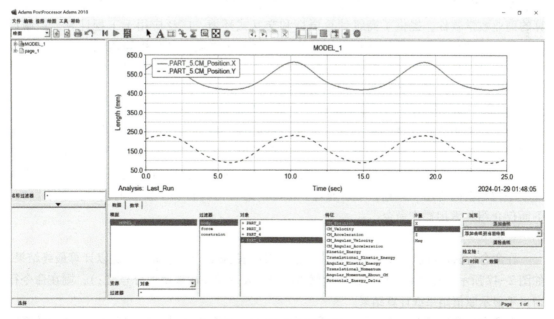

图 2-45　仿真分析结果

　　最后，可以在选择的路径中打开导出的表格。在表格中有模型名称、曲线横坐标数值和两条曲线的纵坐标数值，导出数据个数为仿真时长除以步长，仿真分析表格如图 2-46 所示。至此，完成了一个四杆机构的基础运动仿真。

	A	B	C	D	E	F
1	MODEL_1					
2						
3	Time	.PART_5.CM_Position.X	.PART_5.CM_Position.Y			
4	0.00E+00	5.74E+02	2.12E+02			
5	1.00E-01	5.79E+02	2.15E+02			
6	2.00E-01	5.84E+02	2.18E+02			
7	3.00E-01	5.89E+02	2.20E+02			
8	4.00E-01	5.93E+02	2.22E+02			
9	5.00E-01	5.98E+02	2.24E+02			
10	6.00E-01	6.01E+02	2.26E+02			
11	7.00E-01	6.05E+02	2.27E+02			
12	8.00E-01	6.07E+02	2.29E+02			
13	9.00E-01	6.10E+02	2.30E+02			
14	1.00E+00	6.12E+02	2.30E+02			
15	1.10E+00	6.13E+02	2.31E+02			
16	1.20E+00	6.13E+02	2.31E+02			
17	1.30E+00	6.13E+02	2.31E+02			
18	1.40E+00	6.12E+02	2.30E+02			

图 2-46　仿真分析表格

2.2.2　科学计算工具——MATLAB

　　在机构的运动仿真中，除了像 ADAMS 软件一样以模型导入直接进行仿真的方式外，往往需要使用 MATLAB 构建数学模型对机构运动进行分析计算，以获得重要点的运动轨迹、速度以及加速度。MATLAB 是一款用于算法开发、数据可视化、数据分析及数值计算的商业数学软件，提供了高级计算语言和交互式环境，广泛应用于工程计算、控制设计、信号处理与通信、图像处理、信号检测、金融建模设计与分析等领域。在机械设计领域，MATLAB 可以实现机构运动的解析与仿真，数学模型的计算和实体模型的运动仿真还可以进行对比以得到更加严谨的实验结果。MATLAB 具有友好的用户操作界面，类似 Windows，易于使用，提供全面的联机查询和帮助系统；具有强大的科学计算和数据处理能力，内部函数库支持各种科学计算和数据处理，稳定性高，减少出错可能性；图形处理能力优越，自带多种绘图函数，支持各种图形，提供强大的数据可视化功能；拥有广泛应用的专业工具箱，它们由领域专家开发，无须编写代码即可使用，还可通过修改源程序构建新的专用工具箱；可以通过 Simulink 进行仿真和基于模型的设计。限于篇幅，下面仅介绍其常用操作命令。

1. 命令行窗口基本操作

　　在命令行窗口可以直接给变量赋值或输入对应表达式，按〈Enter〉键以计算最终结果，如图 2-47 所示。在命令行窗口给变量赋值或输入表达式并在末尾加分号（;），则在命令行窗口不显示赋值结果或计算结果。

　　在命令行窗口可以直接绘图，包括二维平面图、三维曲面图、三维饼图等，强大绘图功能支持绘图图形的多样性。折线图绘制如图 2-48 所示。旋转抛物面绘制如图 2-49 所示。

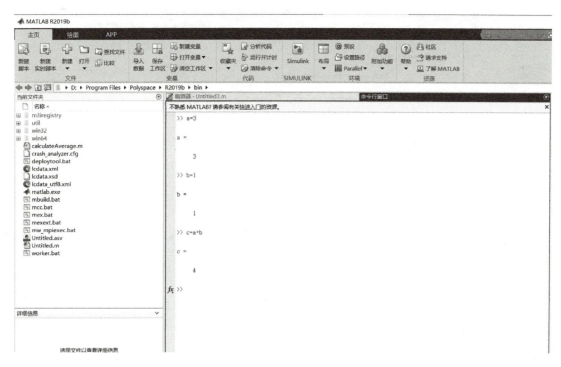

图 2-47　命令行窗口

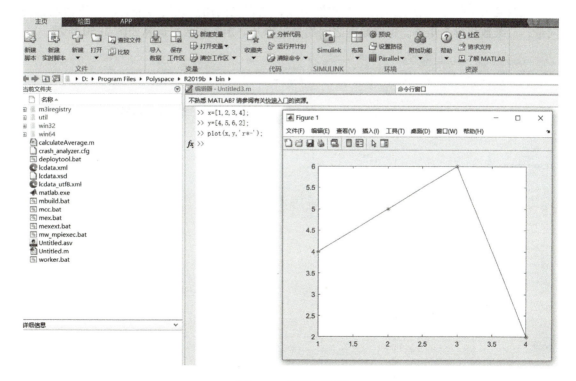

图 2-48　折线图绘制

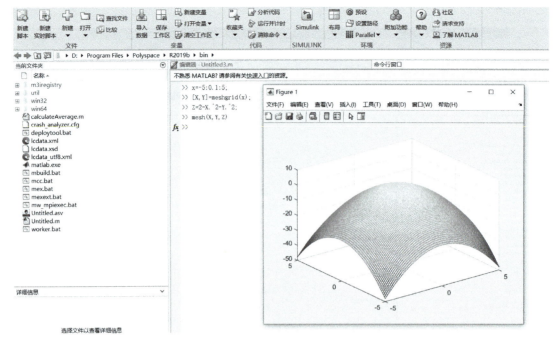

图 2-49　旋转抛物面绘制

2. 矩阵和数组运算

数组是由中括号[ ]括起来的一组数据构成，数据之间用空或逗号隔开。一维数组称为向量；二维数组称为矩阵。每组数据之间用分号隔开。矩阵和数组运算如图 2-50 所示。

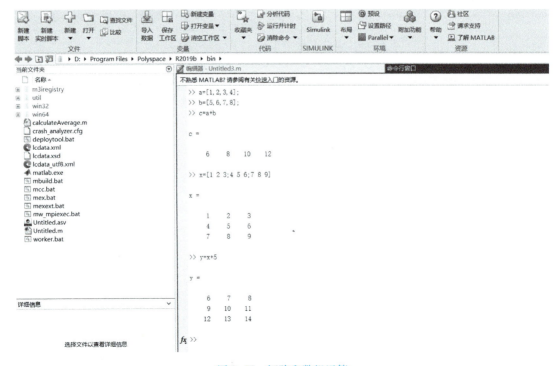

图 2-50　矩阵和数组运算

3. MATLAB 常用函数

（1）命令行窗口

清除命令行窗口命令：fx >>clc

清除变量命令：fx >>clear

关闭所有命令行窗口命令：fx >>close all

（2）矩阵

ones( )	创建一个所有元素都为 1 的矩阵，可以制定维数
zeros( )	创建一个所有元素都为 0 的矩阵
eye( )	创建对角元素为 1、其他元素为 0 的矩阵
diag( )	根据向量创建对角矩阵，即以向量的元素为对角元素
magic( )	创建魔方矩阵
rand( )	创建服从均匀分布的随机矩阵
randn( )	创建服从正态分布的随机矩阵

（3）绘图

plot(X，Y)	在直角坐标系绘制以 X 为横轴、Y 为纵轴的二维线图
plot3( )	在直角坐标系绘制三维线图
xlabel( )、ylabel( )、zlabel( )	X 轴、Y 轴、Z 轴标签
title( )	添加图题
hold on／hold off	不刷新画布（在一张画布画多张图）／刷新画布

4. 脚本编辑器的使用

单击 MATLAB 主页上"新建脚本"按钮![icon]，打开普通脚本编辑器，然后在编辑器中创建基本程序或函数。函数可以用编辑器来创建，函数定义语法示例：function y = myfun(x)（也可以 end 结尾），通过使用函数名并输入参数实现调用该函数。函数文件类型包括局部函数、嵌套函数、私有函数和匿名函数。一个函数文件中可以包含用于多个函数的代码。下面在名为 calculateAverage.m 文件中定义函数以计算各个值的平均值，如图 2-51 所示。

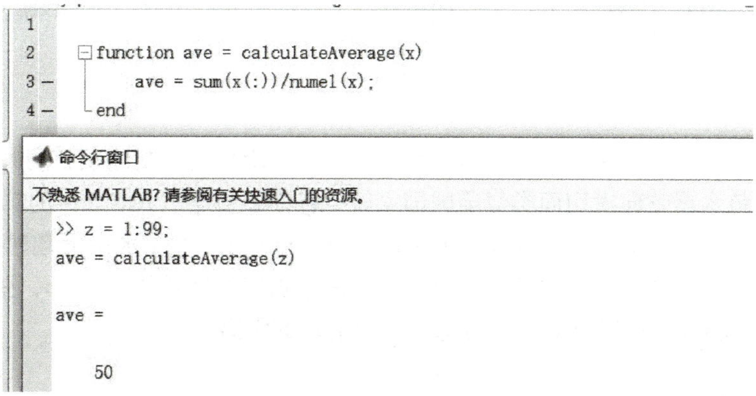

图 2-51　定义函数

2.3　仿生机器人总体设计实例

2.3.1　机械海龟运动执行机构

1. 水翼形状分析

对一只龟龄 50 年左右的雌性绿海龟直接测量肢体数据。如图 2-52 所示，体长 B_L（吻至尾）约 950 mm，水翼长度（水翼肩部至最远端距离）H_L 约 470 mm，水翼长度与体长比约为 0.49，体长 B_L 约为 H_L 的 2 倍。海龟整体龟壳的腹甲呈扁平，背甲向上方凸起并且在中央有一道明显的棱，整体呈现水滴形状，可以有效降低其在水中游动的阻力。

海龟水翼自上而下观察呈现镰刀形，肤质高度角质化，敷有凹凸不平的豹纹斑鳞，可以在改变速度和方向时抑制边界层湍流。对海龟水翼的外轮廓曲线进行拟合，以海龟水翼关节肩部与身体靠近头部的交点为坐标原点建立坐标系进行分析。如图 2-53 所示，y 轴由海龟头部指向尾部，x 轴与 y 轴垂直，指向海龟外侧。由于海龟水翼和身体间的夹角不是常量，这里以水翼摆角（肩部关节点与水翼顶端的连线与 y 轴之间的夹角）$\alpha_W = 60°$ 的水翼形态进行分析。海龟水翼前缘和后缘的曲线方程为

$$\begin{cases} y = a_1(x_1 - c_1) + \dfrac{b_1}{x_1 - c_1} + d_1 \\ y = k_2 x_2 + b_2 \end{cases} \tag{2-5}$$

式中，a_1、b_1、c_1、d_1 是海龟水翼上轮廓曲线拟合常数；k_2、b_2 是海龟水翼下轮廓曲线拟合常数。

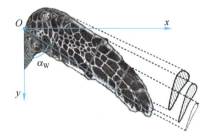

图 2-52　海龟肢体示意图　　　　　图 2-53　海龟水翼横切面示意图

海龟水翼的弦向截面弦长随着截面与肩关节的距离增加而不断缩短，同时水翼厚度也在不断变小。海龟水翼弦向横切面类似美国国家航空咨询委员会（NACA）的翼型，水翼上侧凸起高于水翼下侧，上侧凸起高于下侧凸起的水翼可以为海龟在水中滑翔时提供一定的升力。可以用 NACA2412 翼型模拟海龟水翼翼型。海龟水翼的展长约 470 mm，弦长约 100 mm，弦展比约 4.7:1>4.0，可以有效提高海龟在水中滑翔的距离。

2. 水翼运动模式

海龟在水中运动时，水翼的运动可以分为"拍旋"和"位旋"两个运动。"拍旋"是指海龟游动时水翼由前向后挥动的运动；"位旋"是指海龟游动时水翼由后向前挥动的运动。"拍旋"时，海龟水翼与水流流向夹角较大（近似垂直于来流方向），可以为游动产生

有效推力。"位旋"时，海龟水翼与水流流向夹角较小（近似平行于来流方向），不产生有
效推力。在海龟游动的过程中，水翼的运动是由水翼的
挥动、水翼上下小幅度拍动和水翼前缘的轴向旋转运动
耦合而成。选取 NACA2412 翼型，如图 2-54 所示。O
点位于翼型中弧线上距离翼前缘五分之二处，是参考原
点。以 O 点为参考点，在竖直方向做小幅拍动运动，
同时绕 O 点做俯仰运动，h 代表拍动运动位移，α_R 代表
俯仰运动的旋转角度。

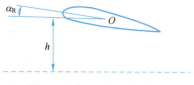

图 2-54　NACA2412 翼型图

　　在 MATLAB 中得到海龟向前游动时水翼的运动轨迹，如图 2-55 所示。速度 U 是海龟相
对水流的前进速度，为恒定值。$x(t)$ 和 $y(t)$ 代表水翼相对海龟的运动。x 和 y 方向的运动用
下列表达式描述，即

$$\begin{cases} y(t) = h\cos(2\pi ft) \\ x(t) = \dfrac{y(t)}{\tan\beta} \end{cases} \tag{2-6}$$

式中，h 是拍动运动位移；f 是水翼拍动频率；β 是行程角。

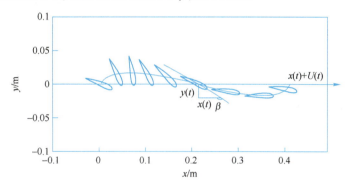

图 2-55　水翼运动轨迹图

　　对海龟水翼的运动轨迹进行分解。其中水翼挥动时的摆动角度 $\alpha_W(t)$ 和水翼前缘旋转运
动的旋转角度 $\alpha_R(t)$，如图 2-56 所示。由图 2-56 可见，水翼挥动运动的幅度约为 55°，水
翼前缘旋转运动的幅度约为 80°，以上两个运动并不完全同步，水翼前缘旋转运动在水翼挥
动到最低位置前达到峰值。同时，水翼挥动运动和水翼前缘旋转运动两个运动轨迹的幅度与
选取的参考点无关，水翼上任何一点的运动均可以采用统一函数曲线描述。对于海龟水翼上
下小幅度拍动运动 $h(t)$，则根据水翼翼型截面上选取的参考点不同，运动轨迹的幅度会产
生相应的变化。

　　如图 2-57 所示，水翼拍动运动轨迹的幅度随水翼拍动运动参考点与水翼前缘相对距离
的增大而增大，水翼拍动运动轨迹的中间幅值随水翼拍动运动参考点与水翼前缘相对距离的
增大而升高。

　　根据水翼运动模式的分析，将水翼运动分解为挥动运动、旋转运动和拍动运动。由
图 2-57 所示，水翼在进行拍动运动时前缘轨迹的幅度很小，将仿生水翼旋转运动的旋转中
心设定在水翼前缘前部，可以通过仿生水翼的旋转运动使水翼参考点 O 在 y 方向上产生相
应的运动，从而近似得到水翼参考点 O 近似拍动运动的轨迹。

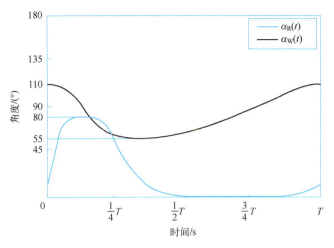

图 2-56　摆动角度和旋转角度

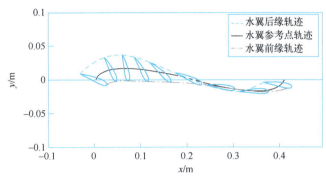

图 2-57　海龟水翼运动轨迹

3. 机械设计

仿生水翼的机械设计主要由两个部分组成：一部分是对水翼挥动运动进行仿生，驱动仿生水翼能够前后挥动；另一部分是对水翼旋转运动进行仿生，使水翼在前后挥动的过程中能够同时实现水翼倾角改变的动作。

仿生水翼机构具有挥动和旋转两个自由度，分别为绕 x 轴旋转的自由度以及绕 z 轴摆动的自由度。旋转运动关节与摆动关节的间距较小，旋转运动关节相对摆动关节更靠近水翼尖端。仿生水翼机构由以下两个部分组成。

1）直接驱动的水翼挥动机构，采用 II 级机构的曲柄摇杆机构模仿海龟水翼挥动动作，通过曲柄带动连杆进行伸缩摆动，使仿生水翼实现绕 z 轴的摆动。舵机通过同步带轮直接驱动曲柄整周旋转，仿生水翼与和曲柄直接连接的连杆连接，跟随连杆摆动实现水翼挥动的仿生动作。

2）欠驱动的水翼旋转机构，采用 II 级机构的滑块摆杆机构模仿海龟水翼旋转动作，通过滑块在导轨上的来回移动，带动摆杆往复摆动，使仿生水翼实现绕 x 轴的旋转。在仿生水翼挥动动作的曲柄摇杆机构的曲柄上进行拓展，在曲柄上一固定点与仿生水翼上一固定点之间装上一段弹性材料，通过两固定点间相对位置的改变，由弹性材料拉动仿生水翼上的滑块结构，由滑块在导轨上的往复运动带动仿生水翼实现其旋转的仿生动作。

仿生水翼的挥动机构与旋转机构由同一个高转矩伺服舵机驱动。当电源电压为 DC 8.4 V 时，所选用的伺服舵机的额定转矩为 30 kg·cm。仿生水翼的外形轮廓形状如图 2-58 所示。整体外形轮廓的 a_1、b_1、c_1、d_1、k_2、b_2 通过拟合得到，分别为 1.0305、2785.0326、-30.0927、-136.4044、0.705、33.9。

水翼前缘和后缘的曲线方程为

$$\begin{cases} y=1.0305(x_1+30.0927)+\dfrac{2785.0326}{(x_1+30.0927)}-136.4044 \\ y=0.705x_2+33.9 \end{cases} \tag{2-7}$$

所有截面均为 NACA2412 翼型，使用 PLA 材料制作仿生的刚性水翼。

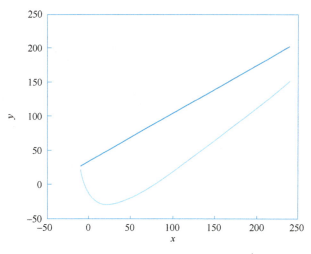

图 2-58　仿生水翼的外形轮廓形状

根据水翼形状分析、运动分析进行机械设计，绘制得到模型（图 2-59），对其进行曲面连续性评定，曲面质量良好。

图 2-59　仿生水翼模型

2.3.2　仿生水翼机构设计计算

对仿生水翼两部分运动之间的关联关系进行优化，并对两部分杆组进行运动学分析。根据水翼挥动运动的幅值，配置仿生挥动运动的曲柄摇杆机构，其机构简图如图 2-60 所示。

得到描绘水翼旋转运动和挥动运动的运动学方程为

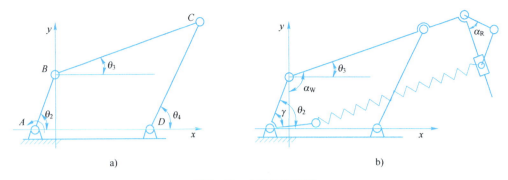

图 2-60　水翼机构简图

a）曲柄摇杆机构　b）滑块摆杆机构

$$\begin{cases} \alpha_R = \arccos\left[\sin\left(\gamma - \theta_2 + \theta_3 + \arccos\dfrac{\sqrt{2(1-\cos\gamma)}}{2}\right)\right] \\ \alpha_W = \theta_3 + 90° \end{cases} \tag{2-8}$$

通过二分法对 γ 值进行逼近，得到 $\gamma = -60°$ 时，关联最优，其拟合图像如图 2-61 所示，其整体研究过程图如图 2-62 所示。

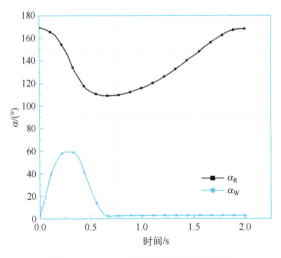

图 2-61　$\gamma = -60°$ 状态下的拟合图像

2.3.3　仿生蹼翼空间机构分析设计

1. 蹼翼形状分析

与水翼相比，蹼翼整体较为平展宽圆，自上而下观察呈现桨状，肤质高度角质化，敷有凹凸不平的豹纹斑鳞，形成具有良好升、阻特性的流线肢体外形，如图 2-63 所示。对海龟蹼翼的外轮廓曲线进行拟合，采用 MATLAB 对其拟合，可以得到海龟蹼翼的前缘和后缘的曲线方程为

$$\begin{cases} l_f = a_1 x^3 + b_1 x^2 + c_1 x + d_1 \\ l_b = a_2 x^3 + b_2 x^2 + c_2 x + d_2 \end{cases} \tag{2-9}$$

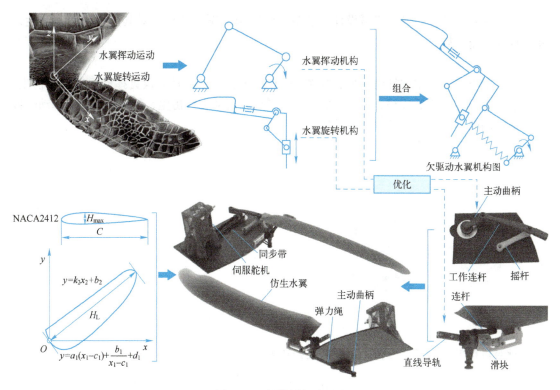

图 2-62　整体研究过程图

式中，a_1、b_1、c_1、d_1、a_2、b_2、c_2、d_2 是与不同海龟样本相关的常数。海龟蹼翼弦向横切面类似美国国家航空咨询委员会（NACA）的翼型，可以利用 NACA0012 翼型模拟海龟蹼翼翼型，如图 2-64 所示。

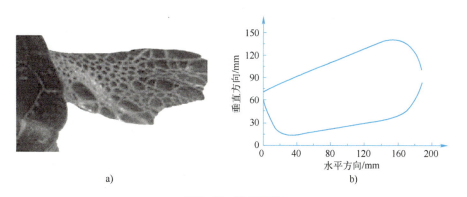

图 2-63　海龟蹼翼
a）海龟蹼翼示意图　b）海龟蹼翼轮廓拟合图

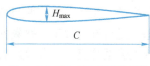

图 2-64　NACA0012 翼型图

　　根据蹼翼形状分析进行机械设计，绘制得到模型（图2-65），对其进行曲面连续性评定，曲面质量良好。

2. 机械设计

　　仿生蹼翼主要由空间杆组组成，如图2-66所示。一方面是对蹼翼挥动运动进行仿生，驱动仿生蹼翼能够前后挥动；另一方面是对蹼翼旋转运动进行仿生，使蹼翼在前后挥动的过程中能够同时实现蹼翼倾角改变的动作。

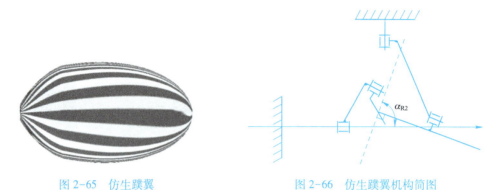

图 2-65　仿生蹼翼　　　　　　　　　图 2-66　仿生蹼翼机构简图

　　针对机构的运动特征分析，得到角度公式为

$$\alpha_{R2} = \arctan \frac{\cos \omega t}{\sin 45°} \tag{2-10}$$

式中，ω 是蹼翼转动角速度。

　　在 MATLAB 中得到海龟向前游动时蹼翼运动的 α_{R2} 随时间变化的关系，如图 2-67 所示。

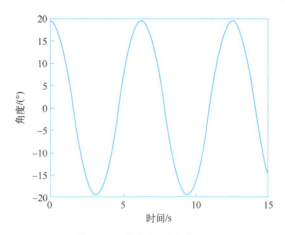

图 2-67　仿生蹼翼运动轨迹

　　令两只蹼翼采用同一个执行器推进。在运动前将两只蹼翼的拍动相位调整一致，可以使蹼翼处于相同的频率以及运动姿态，提高推进效率。蹼翼作为仿生海龟的辅助推进装置，采用单一执行器的驱动方式可以降低控制系统复杂性并且减轻重量，搭配合理机构可以很好模仿海龟加速游动时蹼翼的运动姿态。

采用由偏离原本基准面的特殊曲柄摇杆机构——空间杆组机构（图 2-68）模仿海龟蹼翼动作。通过主传动杆做自身的圆周运动，带动 T 形转动杆做往复摆动运动，使仿生蹼翼实现绕主动杆做旋转运动时带动蹼翼实现往复摆动，同时利用限位杆架限制了 T 形转动杆只能在一个平面内做往复摆动，高效实现蹼翼旋转的仿生动作。

图 2-68　空间杆组机构

后部左右对称的仿生蹼翼机构由同一个高转矩伺服舵机驱动，如图 2-69 所示。左右蹼翼及其运动形式是关于经过中轴线与水平面相垂直的平面镜像对称的，所需驱动轴的旋转方向是相反的，故采用主副齿轮啮合的传动方式改变转动方向，再配合利用同步带轮的传动方式，将动力稳定地传递到左右后部主传动杆处。当电源电压为 DC 8.4 V 时，所选用伺服舵机的额定转矩为 30 kg·cm。仿生蹼翼的外形轮廓如图 2-70 所示。使用 PLA 材料制作仿生的刚性蹼翼。

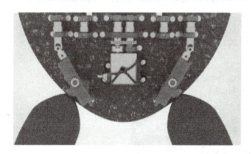

图 2-69　后部仿生蹼翼机构

图 2-70　仿生蹼翼的外形轮廓

2.3.4　机械海龟运动执行机构运动仿真

1. 导入模型

首先打开 ADAMS 软件，选择"文件"→"导入"选项，将建立的海龟前肢模型导入 ADAMS 中，如图 2-71 所示。因为 SOLIDWORKS 中建立的模型名称为中文，ADAMS 在导入过程中无法正常识别，需要在设计树中对各个部件重新命名。

海龟水翼仿真实例

2. 简化模型

在设计树中，将与运动仿真无关的模型进行失效或隐藏，方便后续进行操作。右击物体零件，对不需要的零件选择"激活/失效"选项，如图 2-72 所示。将固定在一起的零件进行布尔操作，选择"布尔操作：合并两个相交的实体"选项，将复杂的模型合并成一体，可以极大地简化模型。

3. 添加连接约束

首先创建底板与大地之间的固定副。选择建模工具区域的连接建模区中的"创建固定副"选项，通过选择两个物体和一个位置来建立固定副。首先选中第一个部件为底板，再选择第二个部件为大地 ground，选择位置为底板的中心，建立固定副，如图 2-73 所示。

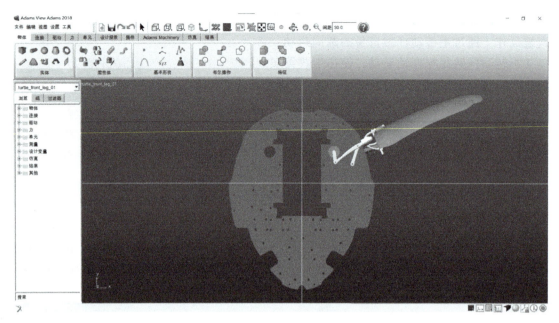

图 2-71   海龟前肢模型

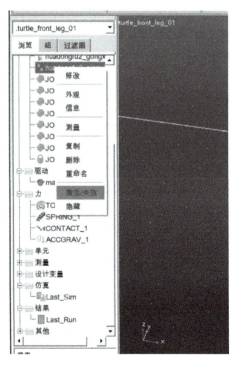

图 2-72   简化模型

　　建立多杆杆组中一号杆组曲柄与底板之间的旋转副。选择"创建旋转副"选项，选中第一个部件为曲柄，再选择第二个部件为底板，选择位置为底板和曲柄连接处，建立旋转副1，如图 2-74 所示。

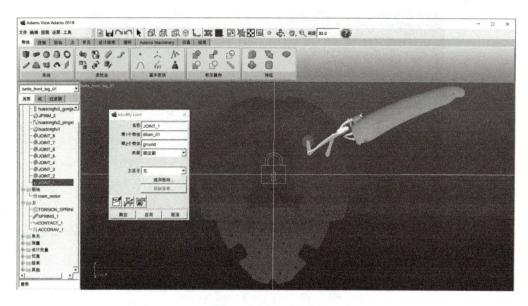

图 2-73　建立固定副

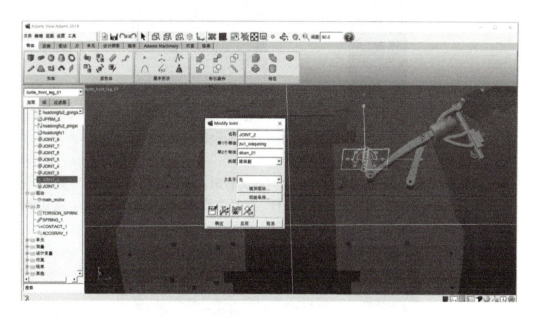

图 2-74　建立旋转副 1

　　建立多杆杆组中一号杆组曲柄与连杆之间的旋转副。选择"创建旋转副"选项，选中第一个部件为曲柄，再选择第二个部件为连杆，选择位置为连杆和曲柄连接处，建立旋转副 2，如图 2-75 所示。

　　建立多杆杆组中一号杆组摇杆与底板之间的旋转副。选择"创建旋转副"选项，选中第一个部件为底板，再选择第二个部件为摇杆，选择位置为底板和摇杆连接处，建立旋转副 3，如图 2-76 所示。

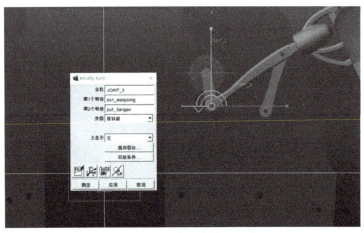

图 2-75　建立旋转副 2

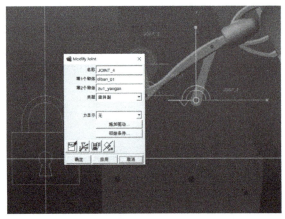

图 2-76　建立旋转副 3

　　建立多杆杆组中一号杆组摇杆与连杆之间的旋转副。选择"创建旋转副"选项，选中第一个部件为摇杆，再选择第二个部件为连杆，选择位置为连杆和摇杆连接处，建立旋转副 4，如图 2-77 所示。

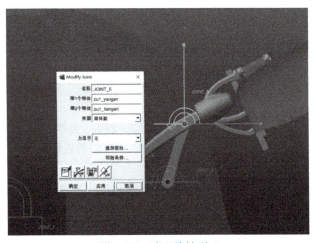

图 2-77　建立旋转副 4

　　建立多杆杆组中二号杆组摇杆延长出的导杆与海龟前肢水翼之间的旋转副。选择"创建旋转副"选项，选中第一个部件为海龟前肢水翼，再选择第二个部件为导杆，选择位置为海龟前肢水翼和导杆连接处，建立旋转副 5，如图 2-78 所示。

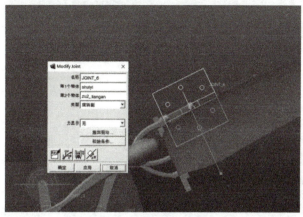

图 2-78　建立旋转副 5

　　建立多杆杆组中二号杆组海龟前肢水翼与连杆之间的旋转副。选择"创建旋转副"选项，选中第一个部件为海龟前肢水翼，再选择第二个部件为连杆，选择位置为连杆和海龟前肢水翼连接处，建立旋转副 6，如图 2-79 所示。

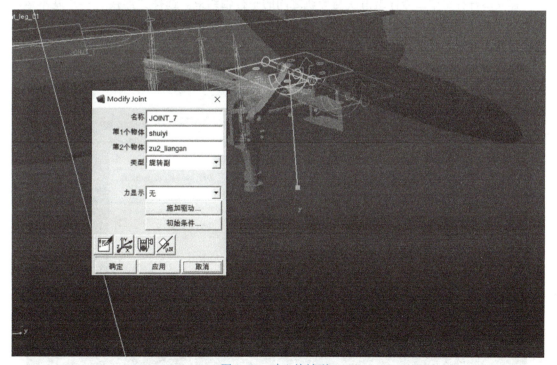

图 2-79　建立旋转副 6

　　建立多杆杆组中二号杆组滑块与连杆之间的旋转副。选择"创建旋转副"选项，选中第一个部件为滑块，再选择第二个部件为连杆，选择位置为连杆和滑块连接处，建立旋转副 7，如图 2-80 所示。

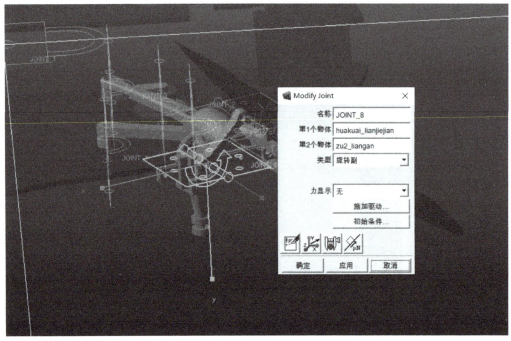

图 2-80　建立旋转副 7

建立多杆杆组中二号杆组滑块与导轨之间的平行轴约束。选择"连接"→"基本运动约束"中的"创建平行轴约束"选项，选中第一个部件为导轨，再选择第二个部件为滑块，选择位置为导轨和滑块连接处，建立平行轴约束，如图 2-81 所示。

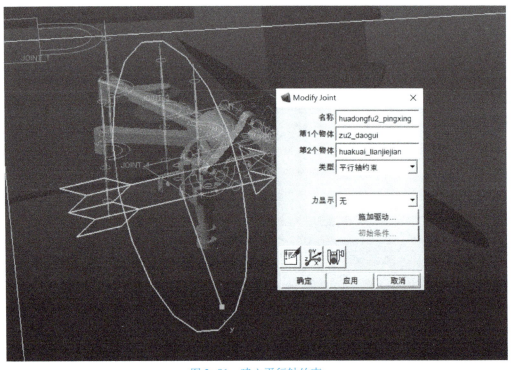

图 2-81　建立平行轴约束

最后建立多杆杆组中二号杆组滑块与导轨之间的共线约束。选择"连接"→"基本运动约束"中的"创建共线约束"选项，选中第一个部件为导轨，再选择第二个部件为滑块，选择位置为导轨和滑块连接处，建立共线约束，如图 2-82 所示。

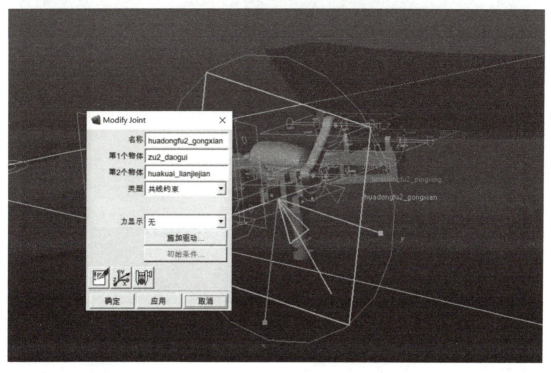

图 2-82 建立共线约束

4. 创建驱动模型

至此已经完成了连接约束的建立。接下来通过添加运动副驱动，通过驱动曲柄使四杆机构运动。

选择建模工具区域的驱动建模区中的"旋转驱动"选项，将函数（时间）修改为"1d＊time"，选中旋转副 JOINT_2，将驱动建立在曲柄与底板间的旋转副上，建立转动驱动，使曲柄可以在底板上转动，如图 2-83 所示。

5. 创建作用力模型

1）添加接触力模型。选择建模工具区域的力区域中的"特殊力"→"创建接触"选项，选择实体 1 为滑块，选择实体 2 为摇杆，法向力类型为"碰撞"，刚度设置为"1.0E＋08"，力指数设置为"2.2"，阻尼设置为"1.0E＋04"，穿透深度设置为"1.0E－04"。设置好接触力后，可以模拟滑块与摇杆之间的接触限位，限制滑块的运动行程，如图 2-84 所示。

2）添加柔性弹簧力模型。选择建模工具区域的力区域中的"柔性连接"→"创造拉压弹簧阻尼器"选项，选择实体 1 为滑块，选择实体 2 为曲柄，刚度系数设置为"100.0"，阻尼系数设置为"0.0"，预载荷设置为"－5.0E－05"。在滑块与曲柄间创建一个受拉弹簧，模拟滑块与曲柄之间的一个受拉状态，如图 2-85 所示。

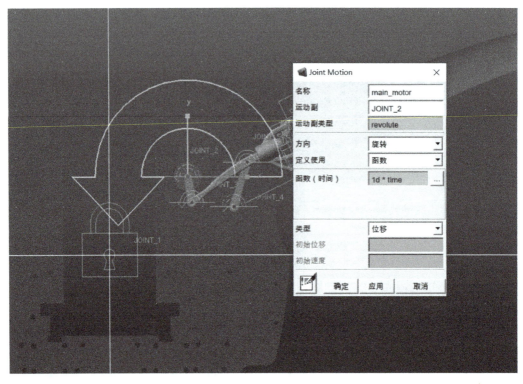

图 2-83 创建驱动模型

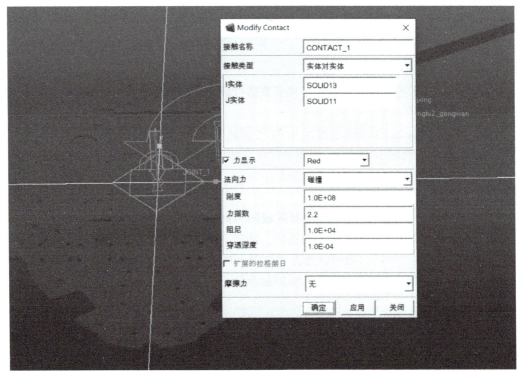

图 2-84 添加接触力模型

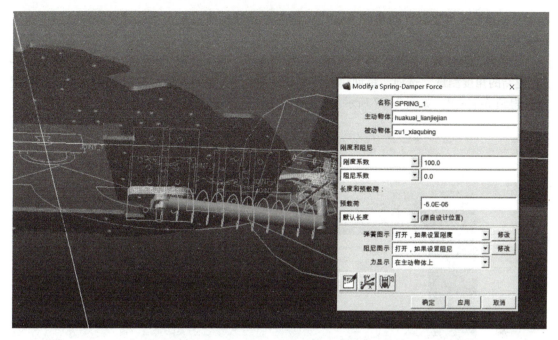

图 2-85　添加柔性弹簧力模型

3）添加扭转弹簧力模型。选择建模工具区域的力区域中的"柔性连接"→"创造扭转弹簧阻尼器"选项，选择实体 1 为海龟前肢水翼，选择实体 2 为多杆杆组二号杆组曲柄，刚度系数设置为"6.0E-08"，阻尼系数设置为"0.0"，预载荷设置为"0.0"。在海龟前肢水翼与曲柄间的转动部位创建一个扭转阻尼器，模拟海龟前肢水翼在摆动过程中所受的摩擦力和水流阻力，如图 2-86 所示。

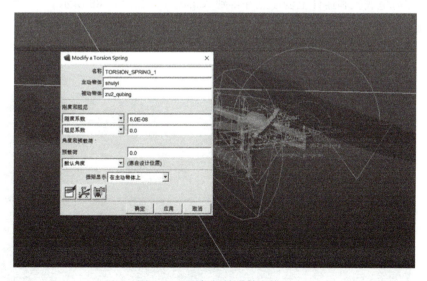

图 2-86　添加扭转弹簧力模型

6. 创建测量点

在这次 ADAMS 仿真分析中，主要的仿真目的是得到海龟前肢水翼与导轨间角度

Angle_R 和连杆与 Y 轴方向角度 Angle_W 随着曲柄转动的关系，所以需要添加这两个角度的测量。

　　在海龟前肢水翼、导轨及两者的旋转副处构建三个点，选择"设计探索"→"测量"→"创建新的角度测量"选项，将创建的三个点分别设为开始标记点、中间标记点和最后标记点，得到 Angle_R，如图 2-87 所示。

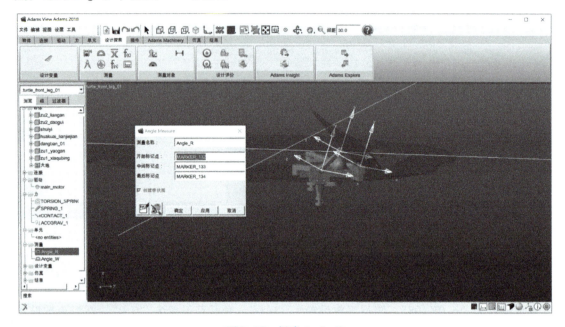

图 2-87　创建 Angle_R

　　同理，在海龟底板和连杆上创建点并得到 Angle_W，如图 2-88 所示。

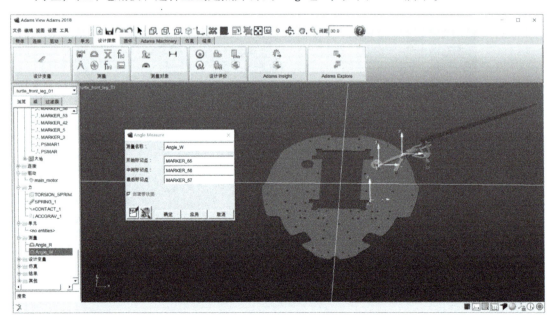

图 2-88　创建 Angle_W

7. 运动仿真

至此已经完成了模型的导入、连接、驱动、作用力等的建立，接下来可以进行运动仿真。选择仿真区中的"运动交互仿真"选项，将终止时间设置为"1440.0"，步长设置为"0.1"，进行运动仿真，如图 2-89 所示。

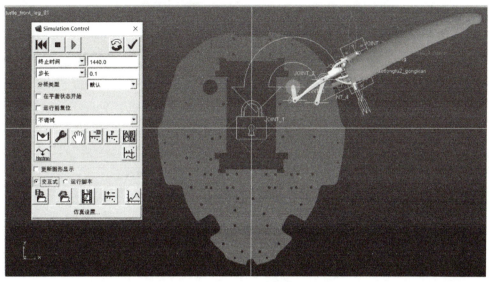

图 2-89　运动仿真

运动仿真进行时，右下角会出现仿真的进度。在部分较复杂模型的仿真过程中，因为涉及的部件和参数较多，仿真速度会很慢。可以在仿真操作时关闭"更新图形显示"选项，使仿真过程中视图区域不会实时更新仿真动画，大幅加快仿真速度，如图 2-90 所示。

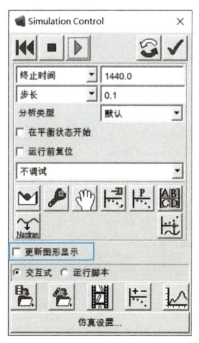

图 2-90　关闭"更新图形显示"选项

8. 仿真分析

选择结果区中的"后处理"选项，进入后处理界面。例如，此处对海龟前肢水翼的 X、Y 和 Z 方向的位置曲线进行分析。选择对象为海龟前肢水翼，特征为"CM_Position"，分量分别为 X、Y 和 Z，将曲线描绘出来，如图 2-91 所示。

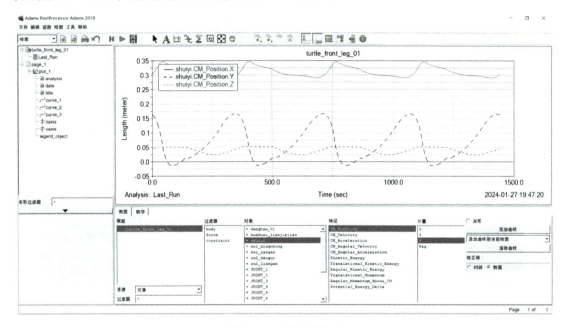

图 2-91   后处理界面

接下来对需要测量的两个角度值的实时变化情况进行仿真分析。在"资源"→"测量"选项中选择两个角度"Angle_R"和"Angle_W"，单击添加曲线，如图 2-92 所示。

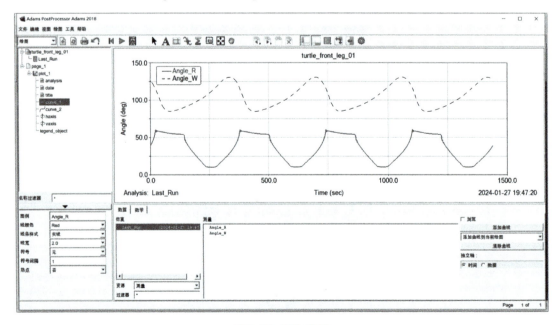

图 2-92   添加曲线

可以将图中的数据导出，选择“文件”→“选择路径”选项，先设定好电子表格导出后的路径。接下来选择“文件”→“导出”→“表格”选项，选择绘图为刚刚分析的“plot_1”，形式为“电子表格”，单击“确定”按钮，如图 2-93 所示。

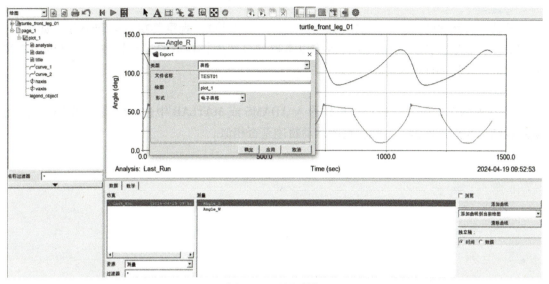

图 2-93　导出数据

可以在选择的路径中打开导出的表格。在表格中有模型名称、曲线横坐标数值和两条曲线的纵坐标数值，导出数据个数为仿真时长除以步长，如图 2-94 所示。

turtle_front_leg_01

Time	Angle_W	Angle_R	Angle_W
0.00E+00	1.27E+02	3.92E+01	1.27E+02
1.00E-01	1.27E+02	3.92E+01	1.27E+02
2.00E-01	1.27E+02	3.93E+01	1.27E+02
3.00E-01	1.27E+02	3.93E+01	1.27E+02
4.00E-01	1.27E+02	3.93E+01	1.27E+02
5.00E-01	1.26E+02	3.94E+01	1.26E+02
6.00E-01	1.26E+02	3.94E+01	1.26E+02
7.00E-01	1.26E+02	3.95E+01	1.26E+02
8.00E-01	1.26E+02	3.96E+01	1.26E+02
9.00E-01	1.26E+02	3.97E+01	1.26E+02
1.00E+00	1.26E+02	3.98E+01	1.26E+02
1.10E+00	1.26E+02	3.99E+01	1.26E+02
1.20E+00	1.26E+02	4.00E+01	1.26E+02
1.30E+00	1.26E+02	4.01E+01	1.26E+02
1.40E+00	1.26E+02	4.01E+01	1.26E+02
1.50E+00	1.26E+02	4.02E+01	1.26E+02
1.60E+00	1.26E+02	4.03E+01	1.26E+02
1.70E+00	1.26E+02	4.03E+01	1.26E+02
1.80E+00	1.26E+02	4.04E+01	1.26E+02
1.90E+00	1.26E+02	4.04E+01	1.26E+02
2.00E+00	1.26E+02	4.04E+01	1.26E+02
2.10E+00	1.26E+02	4.05E+01	1.26E+02
2.20E+00	1.26E+02	4.05E+01	1.26E+02
2.30E+00	1.26E+02	4.05E+01	1.26E+02
2.40E+00	1.26E+02	4.06E+01	1.26E+02
2.50E+00	1.26E+02	4.06E+01	1.26E+02
2.60E+00	1.26E+02	4.07E+01	1.26E+02

test01

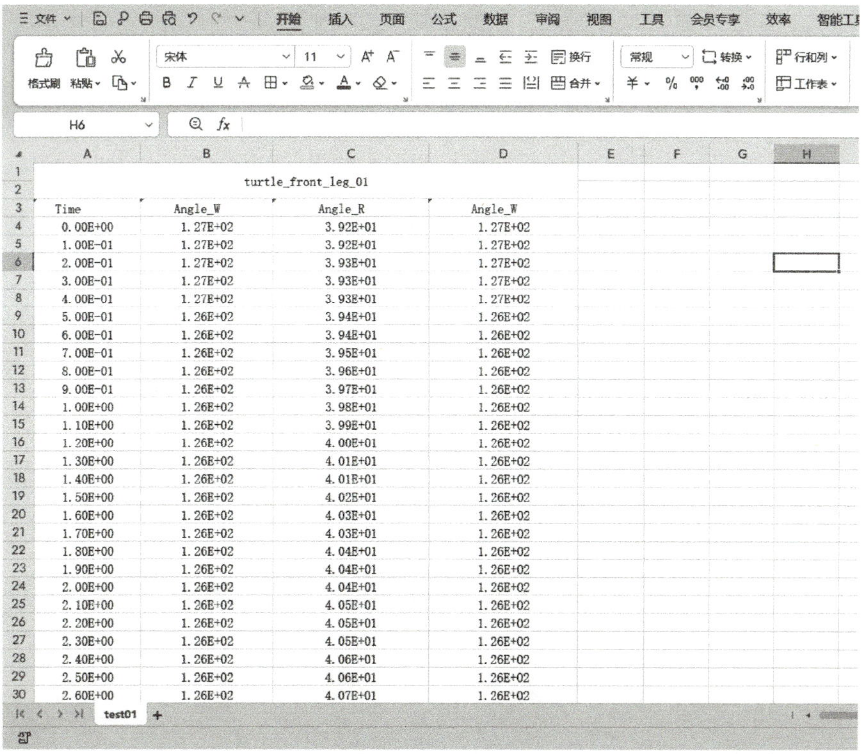

图 2-94　数据表格

第 2 章习题

习题 2.1

请选择自然界的某一种生物（如螃蟹、海马、蛇等），观察其执行运动部分（如腿部、手部等）的运动轨迹，设计一执行机构以实现与自然生物相似的运动轨迹，画出机构简图并给出对应设计部件的尺寸。

习题 2.2

将在习题 2.1 中设计的执行机构导入 ADAMS 或 MATLAB 中进行轨迹仿真分析，判断其运动结果与选择模仿的自然生物的运动轨迹是否相似。

第 3 章　仿生机器人强度设计与优化

通过仿生机器人总体设计，可以获得仿生机器人要完成的运动姿态、运动轨迹、施加力/力矩的大小和方向等信息，基于这些信息，可以进一步对仿生机器人的零件和整体的强度进行设计与优化。

3.1　仿生机器人强度设计介绍

随着科技的不断发展，仿生机器人成为机器人工程领域的一个重要分支。仿生机器人的设计理念借鉴于生物学系统，旨在通过模仿生物体的结构和功能，使机器人在复杂和多变的环境中更为灵活、高效。在仿生机器人的设计中，强度是一个至关重要的方面。它涉及机器人在执行任务时所承受的力和压力，以确保机器人的结构足够强大、耐久，能够适应各种工作环境。下面是仿生机器人强度设计的基础知识点，包括仿生强度设计原理、材料选择、拓扑优化等方面。

1. 仿生强度设计原理

（1）生物体结构与功能的启示

仿生设计的核心思想是从自然界中获取灵感，借鉴生物体的结构和功能来改善机器人的性能。生物体在漫长的进化过程中，发展出了多种多样的结构，适应了各种各样的生存环境。从昆虫的外骨骼到哺乳动物的骨骼系统，生物体的结构具有独特的适应性和优越的性能。这种多样性为仿生机器人强度设计提供了丰富的灵感。

鸟类是一类生物体，其骨骼结构具有出色的轻量化特性。鸟类的骨骼中充满了空腔，使得整个结构轻盈而坚固，如图 3-1 所示。这种轻量化设计为仿生机器人提供了在保持足够强度的前提下减轻自身重量的思路，有助于提高机器人的机动性和能效。

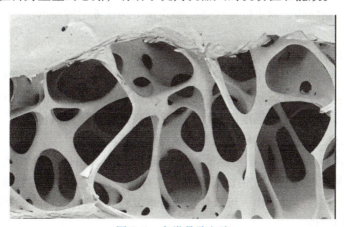

图 3-1　鸟类骨骼空腔

昆虫的外骨骼结构具有很高的韧性和抗冲击性。这是因为外骨骼中的纤维排列方式以及材料的特性使得其在受到外部力作用时能够更好地分散和吸收能量。仿生机器人可以借鉴这种设计，通过使用具有高韧性的材料来提高机器人对冲击和外部力的适应性。

贝壳是一种自然界中常见的生物材料，其层层交错的结构使得贝壳在受到外部冲击时能够有效地分散和吸收能量，提高了整体的抗冲击性。仿生机器人强度设计可以通过模仿贝壳的结构（图 3-2），设计出在保持强度的同时具备一定抗冲击性的结构。

图 3-2　贝壳的结构

（2）结构与功能的一体化设计

仿生机器人强度设计强调结构与功能的一体化。生物体的结构往往与其功能密切相关，这种紧密的结合是进化的产物。在仿生机器人设计中，结构与功能的一体化意味着在保证强度的同时，确保机器人仍能完成既定的任务。

生物体的骨骼系统与运动协调是一个典型的例子。骨骼系统不仅提供支持和保护，还直接影响生物体的运动能力。仿生机器人在强度设计中可以模仿这种结构，通过设计具有合适刚柔度的支撑结构，以实现机器人在执行任务时的稳定性和敏捷性的平衡。

外骨骼是生物体结构的一部分，同时也是功能的实现者。例如，昆虫的外骨骼不仅提供保护，还对昆虫的运动产生影响。仿生机器人可以借鉴这种结构与功能协同作用的思想，设计具有强度的外骨骼结构，以更好地满足机器人在不同任务中的需求。

2. 材料选择对强度的影响

（1）高强度轻质材料

在仿生机器人的强度设计中，材料的选择是至关重要的一环。高强度轻质材料能够有效减轻机器人的自重，提高其运动灵活性。例如，类似于生物体骨骼的复合材料、碳纤维等都是常见的选择，其具有出色的强度和刚度。常见的高强度轻质材料包括碳纤维复合材料、铝合金等，它们在航空航天、移动机器人等领域得到广泛应用。

碳纤维复合材料是一种强度与轻质性能卓越的材料，由碳纤维和树脂基体组成，如图 3-3 所示。这种材料的强度比钢铁高，同时具有较低的密度，使得它成为仿生机器人设计中的理想选择。在强度设计中，可以使用碳纤维复合材料制作机器人的骨架或外骨骼，以提高整体强度和稳定性。

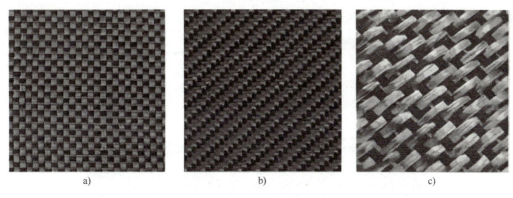

a)　　　　　　　　　b)　　　　　　　　　c)

图 3-3　碳纤维复合材料

铝合金是一类常用于仿生机器人强度设计的轻质金属材料，具有良好的力学性能、导热性和耐蚀性。在需要强度和刚度兼具的机器人部件中，铝合金常被选用，以满足机器人在执行任务时的结构要求。

（2）柔性材料与可变形结构

柔性材料的使用使得机器人能够更好地适应不同的环境。柔性材料能够提供更好的抗冲击性，减少机器人在复杂地形中受到的冲击力。同时，可变形结构的设计也成为一种趋势，通过材料的形变实现对机器人形状的调整，使其更好地适应任务需求。这类材料具有较好的柔韧性和延展性，能够更好地适应不同的工作环境。柔性材料常用于仿生机器人的外层覆盖或关节部分，以提高机器人在复杂环境中的适应性和生物相似性。

可变形结构是一种在外界作用下能够发生形状变化的结构。在仿生机器人中，可变形结构的设计能够使机器人更灵活地适应不同的任务需求。通过使用柔性材料构建可变形结构，可以实现机器人形状的调整和变化，提高其在复杂环境中的机动性。柔性传感器是一种可以在变形过程中测量力、压力、形状等信息的传感器。在仿生机器人中，柔性传感器的应用可以使机器人更好地感知外部环境，从而调整自身的结构和动作。柔性传感器与柔性材料的结合，使得仿生机器人在强度设计上更具智能性和适应性。

（3）生物材料仿效

一些仿生机器人强度设计的研究致力于仿效生物材料的特性。生物材料如蜘蛛丝、贝壳等在强度和轻量化方面具有独特的性能。通过合成仿生材料，设计出具有高强度、高韧性、高适应性的机器人部件。

例如，蜘蛛丝是生物体中一种具有卓越强度和延展性的材料，其分子结构和纤维排列方式使其在细小直径下表现出惊人的强度，同时具有足够的延展性，能够抵抗拉伸和扭曲，如图 3-4 所示。仿生机器人强度设计可以从蜘蛛丝中汲取灵感，使用类似的高性能材料，以实现机器人结构的强度和灵活性的平衡。

3. 拓扑优化提高结构强度

（1）拓扑优化原理

结构拓扑优化是一种通过在给定的设计空间内调整材料的分布，以获得最佳结构性能的方法，如图 3-5 所示。在仿生机器人强度设计中，拓扑优化能够帮助优化机器人的结构，减轻自重，提高整体强度。生物体结构的多样性和优越性为拓扑优化提供了丰富的灵感，使得仿生机器人能够更好地适应各种复杂环境和任务需求。

图 3-4 蜘蛛丝

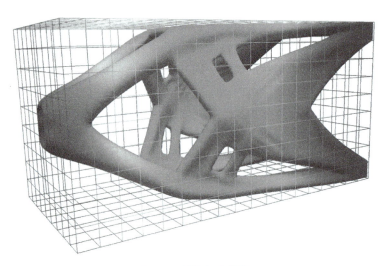

图 3-5 结构拓扑优化

拓扑优化通常使用数学模型来表示，最典型的是拓扑优化问题的有限元分析模型。通过有限元分析，可以对结构进行数值模拟，评估不同材料分布下的结构性能。拓扑优化问题的数学模型往往包括材料分布的变量、受力情况、约束条件等，通过优化算法求解，得到最佳的结构形态。

拓扑优化的过程通常需要使用一些优化算法，如遗传算法、粒子群算法、梯度法等。不同的优化算法具有不同的适用场景和优化效果。在仿生机器人强度设计中，选择合适的优化算法对于获得有效且可行的结构方案至关重要。

（2）拓扑优化与生物体结构

仿生机器人强度设计中的拓扑优化通常借鉴生物体结构的优势。例如，通过模仿骨骼的空洞结构，设计出在保持强度的同时降低材料用量的机器人骨架。这种灵感来源的优化方法有助于改善机器人的性能。

生物体结构的多样性为拓扑优化提供了丰富的灵感。不同生物体的骨骼、外骨骼、壳体等结构展现出了生物体在漫长进化过程中对于适应环境的独特设计。例如，鸟类的骨骼结构轻盈而坚固，昆虫的外骨骼具有优异的韧性，贝壳的层层交错结构能够有效分散外部冲击。这些生物体结构的特点为拓扑优化提供了设计方案和优化思路。

拓扑优化与生物体结构的关联体现在仿生机器人的强度设计中。通过模仿生物体的结构，设计出具有优异强度和轻质性能的仿生机器人骨架。例如，通过空心结构、层次结构等方式来优化机器人的材料分布，使其更好地适应环境。空心结构是一种生物体常见的结构形态，兼具轻量化和强度的特点。通过拓扑优化，仿生机器人的骨架可以被设计成类似于生物体的空心结构，以提高整体结构的强度，同时减小结构的质量。这种设计原理在飞行器、移动机器人等领域具有广泛应用。

4. 复杂环境下的强度设计

随着仿生机器人技术的不断发展，设计机器人以适应复杂环境成为一个关键挑战。仿生机器人常常需要在复杂多变的环境中执行任务，因此其强度设计面临更大的挑战。如何在不同的工作场景中保证机器人结构的稳定性和强度是一个需要解决的问题。复杂环境可能包括不规则的地形、高强度的外部力和变化多端的工作场景。因此，在仿生机器人的强度设计中，必须考虑并优化机器人在这些复杂环境中的性能，以确保其稳定性、可靠性和适应性。

在现实世界中，机器人可能需要在不规则和复杂的地形上执行任务，如山地、森林、城市等。不同于平坦的实验室环境，复杂地形对机器人的稳定性和强度提出了更高的要求。仿生机器人需要具备足够的强度和适应性，以应对不同地形带来的挑战。目前四足仿生机器人（图 3-6）已经可以承担地形探索、抗灾救险等活动。

图 3-6　四足仿生机器人

机器人在执行任务时可能受到来自外部环境的各种力，如风力、水流、碰撞力等。这些力的突发性和多变性使得机器人在强度设计中必须考虑不同方向的受力情况。为了保证机器人在外部力作用下仍能保持结构完整，强度设计时必须使结构具备一定的韧性和抗冲击性。

5. 机械零件选型对强度设计的影响

在仿生机器人的强度设计中，机械零件选型是至关重要的一环。材料选型应兼顾强度和轻量化。传统的金属材料如钢铁、铝合金通常具备较高的强度，但它们的密度相对较大，可能导致机器人整体重量过重。因此，工程师常常会选择先进的复合材料，如碳纤维复合材料。它们在保持较高强度的同时具备较低的密度，有助于提高机器人运动的灵活性和能效。

模块化设计是提高机械零件强度的有效手段之一。将机器人的结构划分为独立的模块，每个模块都经过精心设计以承担特定的载荷和功能。这样的设计使得单个模块的故障不会影响整个机器人的运行，并且更容易进行维护和升级。

先进的制造技术对于机械零件的强度设计至关重要。例如，采用 3D 打印技术可以实现复杂形状的零件制造，提高结构的整体强度，如图 3-7 所示。此外，先进的加工工艺如数控加工、激光切割等也能够确保零件的精度和质量。

图 3-7　3D 打印技术

材料的处理工艺直接影响到零件的强度。对于金属材料，热处理、表面处理等工艺可以提高其硬度和耐蚀性，增强零件的整体性能。对于复合材料，定向纤维增强等处理工艺则可以进一步优化材料的强度分布。

6. 对零件进行强度校核

仿生机器人的强度设计是确保机器人在各种复杂任务和环境下稳定运行的关键环节。零件强度校核是其中不可或缺的一部分。它涉及对机械零件的受力情况、材料性能等方面的全面分析和验证。强度校核的目的是验证机械零件在各种受力情况下是否能够满足设计要求，避免零件的失效和损坏。零件强度校核直接关系到机器人的可靠性、耐久性和安全性。

在零件强度校核过程中，首先需要进行受力分析，以确定机械零件在实际工作中所受到的各种力和力矩，包括静载荷、动载荷、温度载荷等多方面的因素。仿生机器人通常需要适应复杂多变的环境，因此受力分析需要考虑到各种可能的工作情况，包括行走、爬升、携带负载等。

在受力分析的基础上，进行载荷计算是零件强度校核的关键步骤。通过计算各个方向上的受力大小，确定零件所承受的最大载荷。这一过程需要充分考虑机器人工作时的各种运动状态和外部环境因素，确保载荷计算的准确性和全面性。

在零件强度校核中，选用合适的材料是至关重要的一环。根据受力分析和载荷计算的结果，选择具有足够强度和韧性的材料。在仿生机器人的设计中，通常会选择先进的复合材料，如碳纤维复合材料，以实现轻量化和高强度的双重优势。

机械零件的强度指标通常包括抗拉强度、抗压强度、抗剪强度等。在仿生机器人的设计中，还需要考虑零件在复杂运动中的疲劳强度和耐磨性。综合考虑这些强度指标，可以为零件的合理选材和设计提供依据。

强度校核一般有三种方法。解析法是一种基于理论分析的强度校核方法，通常采用数学方程和物理原理来描述零件的受力情况。在仿生机器人设计中，解析法可以通过建立模型，使用有限元分析等数值方法，对零件的强度进行精确计算。试验法是通过实际测试零件在受力下的性能来进行强度校核的方法，包括拉伸试验、压缩试验、扭转试验等。在仿生机器人设计中，试验法可以验证解析法计算结果的准确性，同时为后续设计提供试验数据支持。仿真法是借助计算机模拟技术，如使用 ANSYS 软件，对零件在实际工况下的受力情况进行模拟和分析。通过建立虚拟模型，仿真法可以在较短的时间内获取大量受力信息，为设计提供快速而有效的强度校核手段，如图 3-8 所示。在进行零件强度校核时，需要综合考虑多种因素，包括零件的形状、尺寸、工作环境、疲劳寿命等。仿生机器人通常面临复杂多变的任务，因此零件的强度设计需要综合考虑各种可能的工作情况，以确保机器人在实际应用中具备足够的稳定性和安全性。

图 3-8　有限元强度校核

3.2　仿生机器人三维建模工具

SW 基础教学

三维建模是利用三维制作软件在虚拟三维空间构建具备三维数据的模型的过程。一旦设计人员确定了适当的参数和特征设计，他们便能够通过三维建模直观地展示设计思路，从而提高设计效率和质量。对于加工人员而言，三维建模能够使加工中的问题更加清晰，使产品各部分的参数一目了然，这有助于加工人员设计工艺流程，相对于二维设计而言具有无法比拟的优势。当前，三维建模软件正迅速发展，并在各行业广泛应用。常见的三维建模软件包括 SOLIDWORKS、CREO、CATIA、NX 等。其中，SOLIDWORKS 是基于 Windows 操作系统开发的三维 CAD 系统，在机械行业应用较为广泛，其主要功能包括绘制零件图、装配图、工程图，运动仿真，有限元分析，数控加工自动编程和电气设计等。该软件通过绘制二维草图并进行特征变换来建立三维立体模型，并可对实际模型进行数据测量、有限元分析和仿真动画。相对于其他三维建模软件而言，SOLIDWORKS 操作更为简便易行，便于学习掌握，故本书以 SOILDWORKS 软件作为三维建模工具，介绍其基本操作方法。

1. 绘制草图

绘制草图是三维模型建立的基础，其主要作用是通过草图绘制结果确定设计零件的结构和尺寸。在打开 SOLIDWORKS 时，首先需要单击"新建零件"按钮，再选择基本基准面（前视基准面、上视基准面、右视基准面），最后单击"草图绘制"按钮，就可以在基准面内进行绘制草图工作。

常见的绘制草图命令主要有以下几种。

（1）绘制直线

通过绘制直线命令可以选择绘制直线、中心线和中点线。单击"直线"按钮 ✐·，可在基准面内通过单击和拖动确定起点、终点、直线长度及直线方向，如图 3-9 所示。

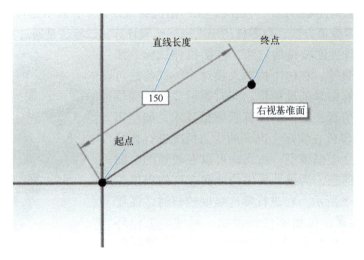

图 3-9　绘制直线

（2）绘制圆形

通过绘制圆形命令可以选择绘制中心圆和周边圆。单击"圆"按钮 ⊙·，可在基准面内通过单击和拖动确定圆心与半径，如图 3-10 所示。

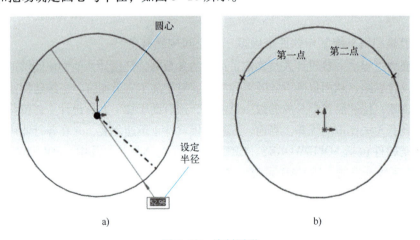

图 3-10　绘制圆形

a）中心圆　b）周边圆

（3）绘制矩形

通过绘制矩形命令可以选择绘制边角矩形、中心矩形、三点边角矩形、三点中心矩形和平行四边形。单击"矩形"按钮 ▭· 旁边的小三角可以选择绘制类型，选定类型后可在基准面内通过单击和拖动确定矩形位置、形状和尺寸。以边角矩形和中心矩形为例进行绘制，如图 3-11 所示。

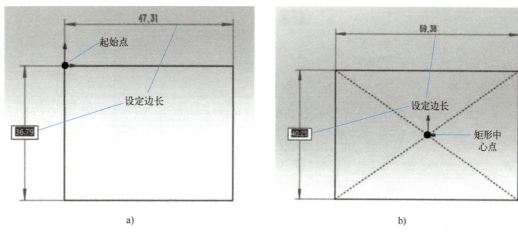

图 3-11　绘制矩形
a）边角矩形　b）中心矩形

（4）绘制样条曲线

由于自然界生物外观特征通常为流线型，所以仿生机器人设计时常用样条曲线进行外观设计。通过单击"样条曲线"按钮旁边的倒三角，可以选择绘制样条曲线、样式曲线、曲面上的样条曲线和方程式驱动的曲线。选定绘制类型后可在基准面内通过单击确定样条曲线各锚点位置，双击最后点位或按〈Esc〉键可以结束绘制。通过拖动各锚点旁的单侧/双侧箭头可改变样条曲线曲率，直到生成满意曲线。以样条曲线和曲面上的样条曲线为例进行绘制，如图 3-12 所示。

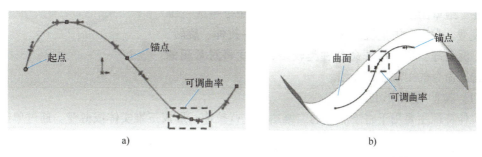

图 3-12　绘制样条曲线
a）样条曲线　b）曲面上的样条曲线

（5）剪裁

剪裁是绘制草图过程中常用的草图工具，主要功能为剪裁草图绘制过程中的实体，如直线、圆、曲线等。由于仿生机器人外形的特殊性，在草图绘制过程中很少用到规则的几何形状，大部分草图都需要通过规则形状剪裁得到。通过单击"剪裁实体"按钮，可以选择强劲剪裁、边角、在内剪除、在外剪除和剪裁到最近端，如图 3-13 所示，其中强劲剪裁为最常用的剪裁方式。剪裁前后图形如图 3-14 所示。

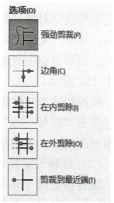

图 3-13　剪裁属性窗口

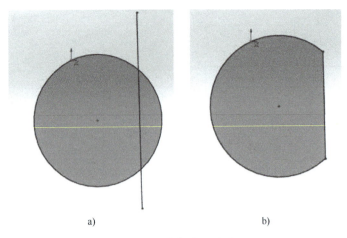

图 3-14　剪裁前后图形

a) 剪裁前　b) 剪裁后

（6）智能尺寸

智能尺寸是用来对绘制好的草图进行尺寸确定与标注的工具，通过单击"智能尺寸"按钮 进行标注。选择需要标注对象，单击进行标注并输入确定尺寸以完全定义草图。标注对象为单个时，标注的是几何尺寸；标注对象为两个时，标注的是相对位置尺寸，如图 3-15 所示。

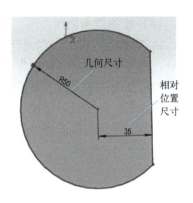

图 3-15　尺寸标注图像

2. 绘制三维图

在二维草图绘制完毕后，可以通过特征命令生成三维实体模型。常用在仿生机器人设计上的方法有拉伸、旋转、放样、圆角等。由于特征命令种类较多，下面将对常用的几种特征命令的用法进行介绍。

（1）拉伸与拉伸切除

拉伸特征主要用于将绘制好的二维草图进行拉伸，形成三维实体或薄壁。通过单击特征中"拉伸凸台/基体"按钮 ，选中要拉伸的草图进入拉伸界面，设定凸台-拉伸属性。首先选择拉伸对象，默认从草图基准面开始，其次确定拉伸方向，方向 1 选区下有多种拉伸方向，其中"给定深度"和"两侧对称"最为常用，最后设置拉伸距离，单击按钮 ✓ 完成操作。如果希望生成薄壁，需要勾选薄壁特征 薄壁特征(T) ，进行进一步设定。示例图形如图 3-16a 所示。

拉伸切除与拉伸用法相似，是一种通过拉伸的方式将零件或装配体上材料移除的工具。通过单击"拉伸切除"按钮 ，设定切除-拉伸属性。按照拉伸步骤设定好拉伸切除对象、方向和距离后，单击按钮 ✓ 完成操作，示例图形如图 3-16b 所示。

（2）旋转与旋转切除

旋转特征用于将二维草图按给定旋转轴旋转，从而生成三维旋转体模型。通过单击"旋转凸台/基体"按钮，进入旋转设置界面。首先选择旋转轴，其次选择旋转方向，常用"给定深度"，最后输入旋转角度，默认为旋转整周 360°，单击按钮 ✓ 完成操作，示例图形

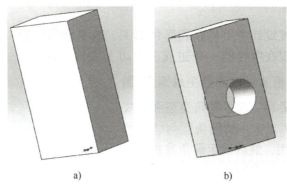

图 3-16　拉伸与拉伸切除
a）拉伸　b）拉伸切除

如图 3-17a 所示。如果希望生成薄壁，需要勾选薄壁特征 ☑ 薄壁特征(T)，进行进一步设定。旋转切除与旋转用法相似，作用与拉伸切除相同，可依照这两个特征进行运用，示例图形如图 3-17b 所示。

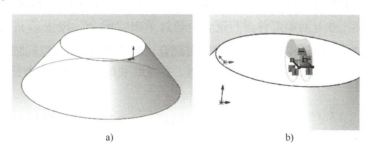

图 3-17　旋转与旋转切除
a）旋转　b）旋转切除

（3）放样

放样特征主要用于仿生机器人外形设计，能够创造出与自然生物外观相近的曲面/弯曲的三维模型。放样是指将一个二维形体对象作为沿着某个路径的剖面，从而形成复杂的三维对象。放样的实体模型可以利用两个或多个轮廓进行生成，第一个或最后一个轮廓可以是二维草图也可以是点。所以放样之前需要绘制两个或多个轮廓以及引导线，再单击"放样凸台/基体"按钮 放样凸台/基体，选择放样轮廓和引导线，然后单击按钮 ✔ 完成操作，可最终生成凸台、基体或曲面。图 3-18 所示为放样过程。

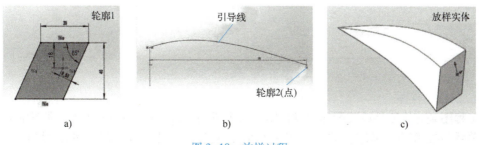

图 3-18　放样过程

（4）圆角与倒角

圆角与倒角在机械设计中可以起到简化加工、减少划伤风险、减少应力集中和增强设计美感的作用，可以在零件的一条边或多条边上直接生成。通过单击特征中"圆角"按钮 圆角 下方的倒三角箭头可以选择生成圆角/倒角，选定后进入设置界面，选择圆角类型和需要圆角的项目，其中"恒定大小的圆角"与"面圆角"两种类型最为常用，最后设定圆角参数，单击按钮 ✔ 完成操作，示例图形如图 3-19 所示。

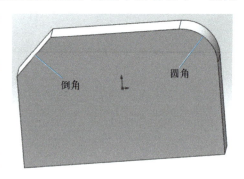

图 3-19　圆角与倒角

3. 绘制装配体

当零件生成完毕后，可以将多个零件按照总体设计进行装配，得到装配体。装配体文件主要用来描述零件之间的配合与连接关系并确定零件的位置与方向。生成装配体第一步需要插入零部件，单击"插入零部件"按钮 插入零部件，选中插入零部件，通过鼠标移动将已经生成好的一个或多个零部件嵌入现有装配体中，如图 3-20 所示；第二步是对零部件进行配合，通过单击"配合"按钮 配合 进行配合选择，选中需要进行配合的零件部分以及配合种类完成配合。图 3-21 所示为以同轴心配合类型为例的配合实例。全部配合完成后形成最终装配体，在最终装配体中可以检查是否存在干涉以完善整体设计。

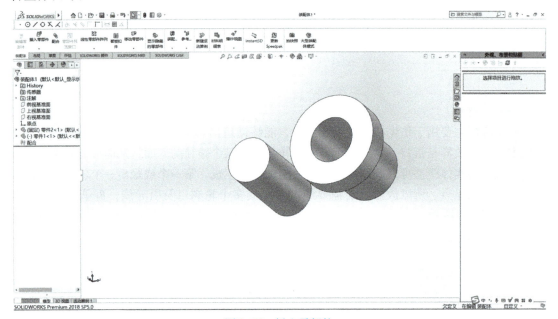

图 3-20　插入零部件

4. 生成工程图

工程图是三维零件或装配体通过投影关系生成的二维图样，可以通过二维图中的尺寸、位置关系与技术要求确定整体加工工艺与装配关系，是设计者与加工者之间的"沟通工具"。目前，仿生机器人设计一般是先用软件设计出三维模型，然后转换出各个零件的二维工程图，进行加工制作。下面介绍 SOLIDWORKS 工程图生成步骤。

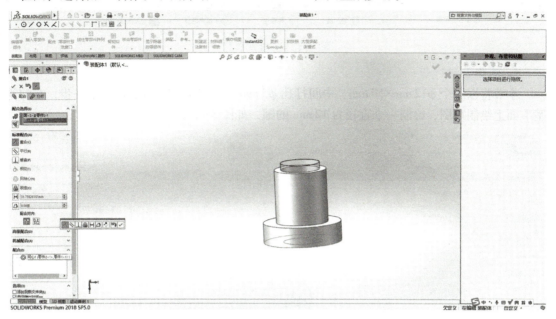

图 3-21　以同轴心配合类型为例的配合实例

1）在零件/装配体界面通过单击"新建"右侧的倒三角箭头可以选择从"零件/装配体制作工程图" 从零件/装配体制作工程图，进入工程图绘制界面。

2）通过选择视图模式进行生成，并对生成后的二维图进行配置，以得到表述清晰的二维图样，如图 3-22 所示。

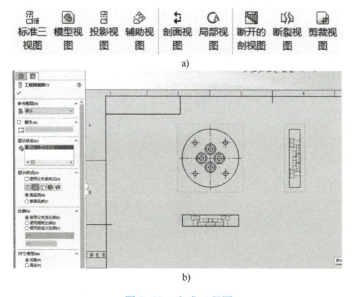

图 3-22　生成工程图

3）对图样进行有效标注，包括文字、符号、尺寸等，最后就可以得到完整的工程图，标注工具栏如图 3-23 所示。

图 3-23　标注工具栏

5. 建模实例

本节将以一个 ϕ12 mm×50 mm、中间打孔 ϕ5 mm 的销杆为例进行建模。第一步，在前视基准面上绘制草图，绘制一个直径为 12 mm 的圆，如图 3-24 所示。

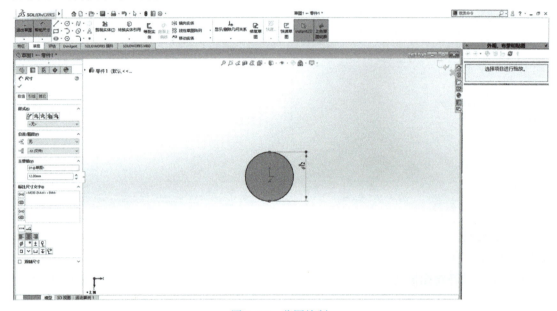

图 3-24　草图绘制

第二步，对草图进行拉伸，得到长为 50 mm、直径 12 mm 的圆柱，如图 3-25 所示。

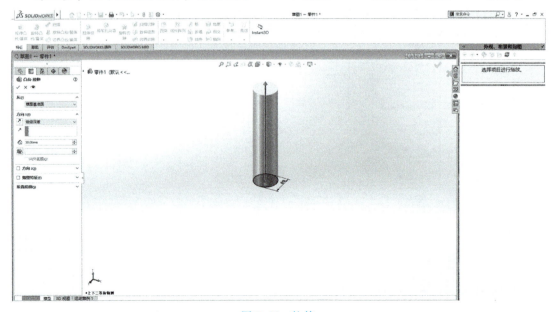

图 3-25　拉伸

第三步，在建好的圆柱体中心面的中心上画一个直径为 5 mm 的圆，如图 3-26 所示。

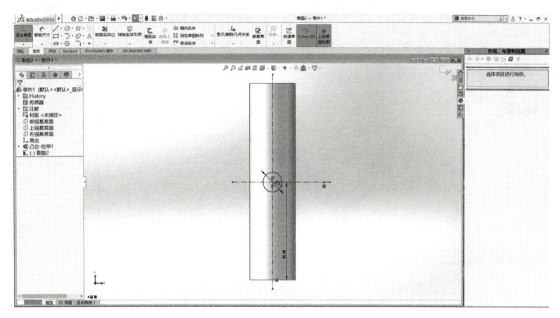

图 3-26　绘制圆

第四步，对上一步草图进行拉伸切除，设定切除属性——完全贯穿，如图 3-27 所示。最后得到销杆模型，如图 3-28 所示。

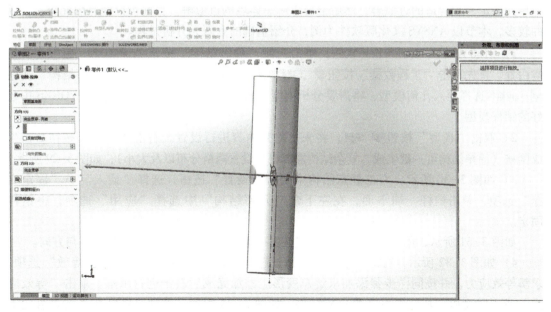

图 3-27　拉伸切除

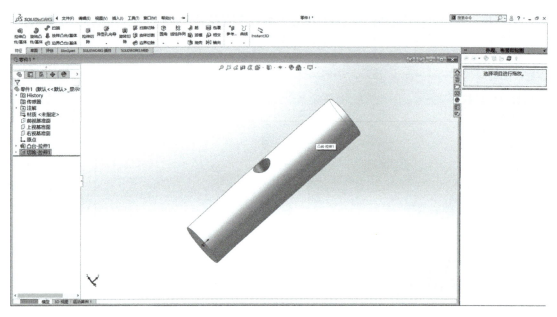

图 3-28 销杆模型

3.3 仿生机器人有限元分析工具

有限元分析是对三维模型设计的一种验证方式，通过建立数学模型对模型进行网格划分，将求解域看成由许多称为有限元的小的互连子域组成，对每一单元假定一个合适的近似解，然后推导求解总体域的近似解。目前可以做有限元分析的软件较多，本节以 ANSYS 汉化版软件为例，介绍基础的有限元分析过程。

1）启动 ANSYS Workbench 软件，单击左侧"静态结构"按钮 静态结构，拖拽至右侧空白处。首先单击"工程数据"按钮 工程数据配置材料属性，然后右击"几何结构"按钮 几何结构选择导入几何模型，将需要分析模型导入，这里导入上一步在 SOLIDWORKS 中建好的销杆模型。

2）双击"模型"按钮 模型，将未打对号内容进行设置。右击"网格"按钮直接生成网格（简单结构可一键生成，复杂结构需要自行设置网格分布以及大小），如图 3-29 所示。

3）如图 3-30 所示，右击静态结构中"分析设置"按钮，选择"插入"→"固定支撑"选项，单击销杆一端平面，在左下角"几何结构"中选择"应用"选项，将销杆固定。

如图 3-31 所示，用同样方式将力设置在另一端平面上，并设置好力的大小与方向。

4）如图 3-32 所示，右击"求解"按钮，选择"插入"→"应力"→"等效"选项，求解等效应力，并按同样步骤添加求解总变形。添加完成后右击进行求解。单击"等效应力"或"总变形"按钮即可查看分析结果。如图 3-33 所示，得到该销杆在受到垂直向下 10000 N 的力时，所承受最大应力为 283.59 MPa。

如图 3-34 所示，通过对结果窗口进行设置，可以得到真实尺度销杆的受力图像与变形图像。

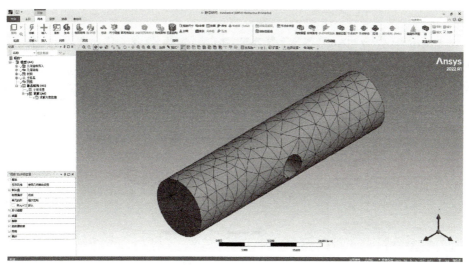

图 3-29　网格划分

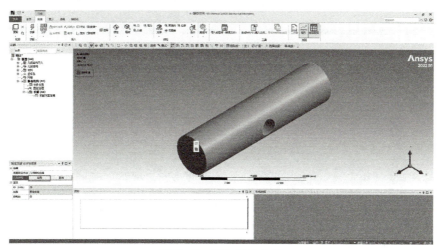

图 3-30　添加固定支撑

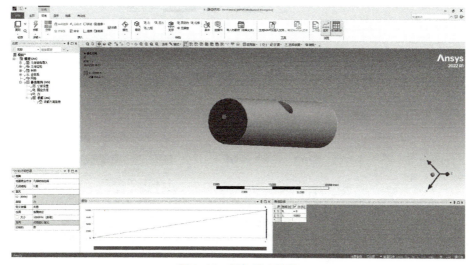

图 3-31　添加受力情况

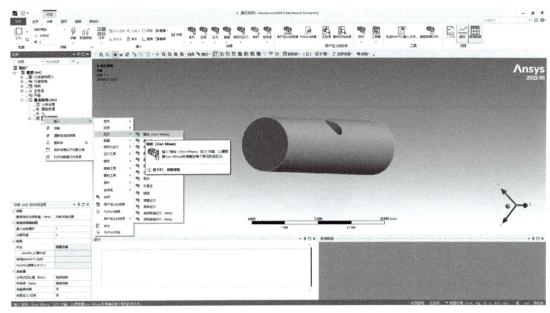

图 3-32　求解等效应力

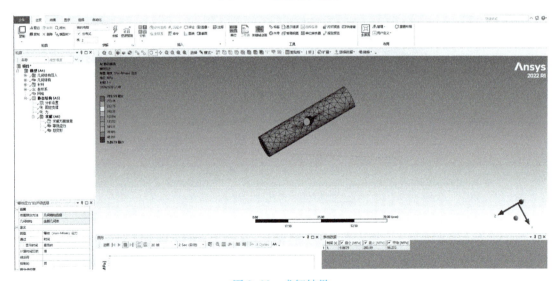

图 3-33　求解结果

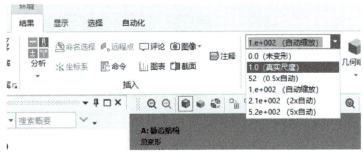

图 3-34　窗口设置

3.4　仿生设计优化理论及工具

3.4.1　仿生设计优化理论基础

仿生设计优化以结构优化为核心，通过改变尺寸参数、结构形状或利用拓扑优化等手段，在确保结构仿生性能和功能要求的前提下，实现降低成本或提升性能的目标。在明确定义了优化变量的情况下，可以根据机械设计理论建立反映工程实际问题的优化数学模型，并通过数学规划方法与计算机语言寻找最优方案。结构优化主要分为尺寸优化、形状优化以及拓扑优化三个方面。尺寸优化作为结构优化中最基础的技术，应用广泛。它在保持结构材料性质、几何形状和拓扑结构不变的条件下，通过优化算法调整结构单元的属性，如壳单元厚度、梁单元横截面属性、弹簧单元刚度和质量单元质量等，以满足特定设计要求（如应力、质量、位移等）。尺寸优化过程相对简单，通常无须重新划分结构的有限元网格。形状优化主要关注节点位置、开孔形状、倒角、加强筋和边界形状等方面。这是一个复杂的问题，需要使用优化算法来解决。常用的优化算法包括梯度下降法、牛顿法、遗传算法等。这些算法可以帮助我们在设计空间中找到最优解，从而找到最优的设计方案。由此可知，前两种优化方法主要通过数学分析法实现。数学分析法具体包含内容如下。

（1）设计变量

设计优化中有待优化的参变量为设计变量，可表示为

$$X = (x_1 \quad x_2 \quad \cdots \quad x_n)^T \tag{3-1}$$

式中，X 是 n 维向量，由选定设计变量 x_1，x_2 等组成。

（2）目标函数

目标函数是关于设计变量的函数，根据不同设计变量求出的目标函数值大小可以判定优化的优劣。目标函数可表示为

$$f(X) = f(x_1, x_2, \cdots, x_n) \tag{3-2}$$

（3）约束条件

在优化设计中，设计变量的取值范围通常受到各种限制条件的影响，每个限制条件都可以写成包含设计变量的函数，称为约束条件。约束条件可以用等式或不等式描述，由于它是设计变量的函数，也称为约束函数。

等式约束对设计变量进行严格约束，降低设计自由度，可表示为

$$h_j(x) = 0 \tag{3-3}$$

式中，$j = 1, 2, \cdots, l(l < n)$，$l$ 表示等式约束数目，n 表示设计维数。

在机械优化设计中，大部分约束为不等式约束，可表示为

$$s_i(x) \geqslant 0 \tag{3-4}$$

式中，$i = 1, 2, \cdots, m$，m 为不等式约束的数目。在数学分析法的优化设计中，需要找到一组设计变量的值，这组值可以最大化或最小化目标函数，同时满足所有的约束条件，用以进行进一步优化。

拓扑优化是在给定的 3D 几何设计空间内对设计人员设置的定义规则进行材料布局优化和结构优化的过程。由于拓扑优化计算量较大，且优化后形状较为复杂，所以一般会应用相

应的软件完成优化过程。拓扑优化生成的设计很难使用传统的机械加工方式实现，一般使用3D打印技术进行加工制作。常用的拓扑优化软件有 Altair Inspire、ANSYS Discovery、3DXpert 等。图 3-35 所示为 Altair Inspire 的拓扑优化图例。

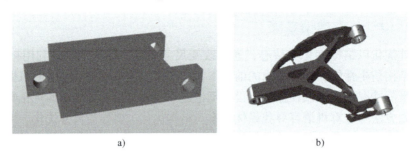

a)　　　　　　　　　　　　　　　　　b)

图 3-35　Altair Inspire 拓扑优化图例
a）优化前　b）优化后

3.4.2　仿生设计优化工具

1. Altair Inspire 软件介绍

拓扑优化采用 Altair Inspire 软件进行优化设计。Altair Inspire 是一个多物理场仿真平台，可以解决复杂的工程问题。Altair Inspire 可以模拟多种物理场，包括结构、流体、电磁、热等，从而帮助工程师更好地理解各种物理场之间的相互作用和影响。以下是 Altair Inspire 软件的一些特点和功能。

1）直观的界面。Altair Inspire 的界面非常直观易用，用户可以轻松地创建模型、设置参数和运行仿真。

2）高精度求解器。Altair Inspire 配备了高精度求解器，可以准确地模拟和分析各种物理场。

3）自动化和脚本功能。Altair Inspire 提供了自动化和脚本功能，用户可以通过编写脚本自动运行仿真并生成结果报告。

4）集成 CAD 和 CAE 工具。Altair Inspire 可以与 CAD 和 CAE 工具集成，从而方便用户进行建模和仿真。

5）可扩展性。Altair Inspire 可以随着用户需求的增加而不断扩展，支持更多的物理场、材料和边界条件等。

6）优化设计。Altair Inspire 使用拓扑、形貌、厚度、点阵和 PolyNURBS 优化生成能够适应不同载荷的结构形状。生成的形状是多边形网格，可以将其导出到其他计算机辅助设计工具中，作为设计灵感的来源。

在 Altair Inspire 中，对零件进行拓扑优化是优化设计零件中一个至关重要的部分。拓扑优化是在给定的 3D 几何设计空间内，针对设计人员设置的定义规则集，来优化材料的布局及结构的过程。目标是通过对设计范围内的外力、载荷条件、边界条件、约束以及材料属性等因素进行数学建模和优化，从而最大限度地提高零件的性能，优化结果如图 3-36 所示。

在传统的制造过程中，拓扑优化得到的模型难以加工，因为拓扑优化生成的自由形式的设计通常难以用传统工业制造手段进行制造。但是在 3D 打印技术进步的条件下，拓扑优化的设计输出可以直接交给 3D 打印机来完成，极大地拓展了拓扑优化的工业化进程。

图 3-36　拓扑优化结果

在仿生机器人的优化设计中，尤其是针对水下仿生机器人，其自身重量与抗压能力十分重要。通过使用 Altair Inspire 对设计中的零件进行真实工况的添加，使用拓扑优化功能得到零件的优化设计方向。根据拓扑优化的结果，在 SOLIDWORKS 软件中对原有设计的零件进行细节的增添，从而在不破坏或尽可能少地破坏零件强度性能的前提下，尽可能减轻零件重量。

2. Altair Inspire 使用方法

图 3-37 所示为 Altair Inspire 的基础使用界面介绍。Altair Inspire 软件的各个按钮都有多个功能，是集成度很高并且直观的功能按钮。基础使用界面包括以下几个部分。

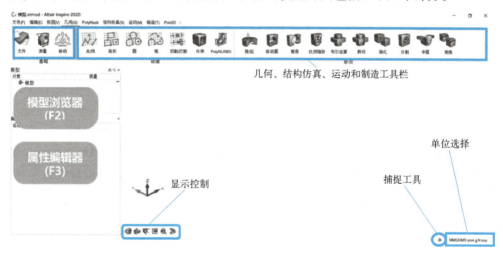

图 3-37　Altair Inspire 的基础使用界面介绍

（1）启动界面

当打开 Altair Inspire 时，首先会看到启动界面。在这里，可以创建新的项目或打开现有的项目。

（2）主界面

打开项目，将看到 Altair Inspire 的主界面。主界面包括菜单栏、工具栏、模型浏览器和属性编辑器等。

1）菜单栏。菜单栏包含了所有的操作命令，如文件操作、编辑、视图、工具等。几乎所有的功能都可以通过菜单栏找到。

2）工具栏。工具栏包含了常用命令的快捷方式，方便用户快速执行操作。

3）模型浏览器。模型浏览器显示了当前项目的所有文件和文件夹，包括几何、材料、边界条件等，可以轻松地添加、删除或修改这些文件。

4）属性编辑器。在这里，可以查看模型名称、材料和质量属性等，可以编辑所选对象的属性参数。

5）控制面板。控制面板用来设置仿真参数和控制仿真。在这里，可以设置求解器、迭代次数和收敛准则等。

6）后处理和可视化工具。Altair Inspire 提供了强大的后处理和可视化工具，帮助查看和分析仿真结果。可以使用这些工具创建图表、动画等来更好地理解结果。

使用前，需要在"文件"→"偏好设置"中设置 CPU 内核数，如图 3-38 所示。设置内核数能够充分使用 CPU 性能，以提高优化速度。

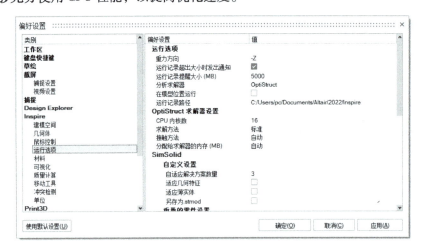

图 3-38　设置 CPU 内核数

在 Altair Inspire 中导入用于拓扑优化的模型文件。需要注意，用于 Altair Inspire 优化设计的零件模型需要保存为 .step 或 .stmod 文件。Altair Inspire 软件的交互设计优化非常完善，可以在偏好设置中选择对视图的控制模式，如图 3-39 所示。

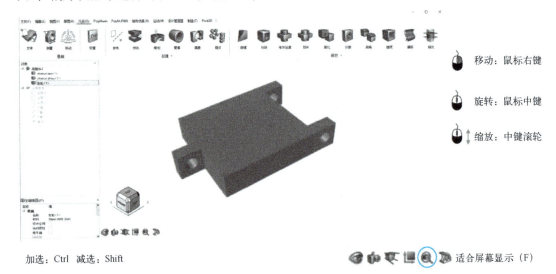

图 3-39　视图的控制模式

导入模型之后，需要在模型中选择最终制作所用的材料，如图 3-40 所示。

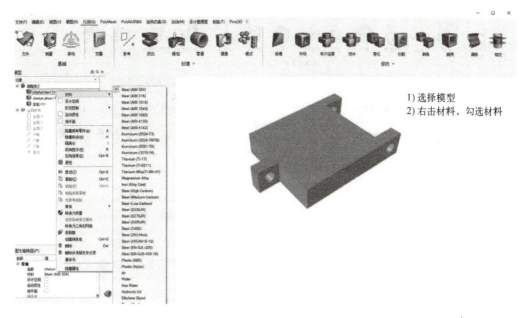

图 3-40　选择材料

在为模型选择完对应材料后，需要根据零件在真实环境下的工况进行载荷设定，如图 3-41 所示。

图 3-41　载荷设定

工况设置完成后，单击"分析"按钮，对其进行设置，如图 3-42 所示。设置中的单元尺寸越大，优化分析的速度将会越快，但是精确度会有所下降。

分析完成后，分析结果将以云图的形式呈现，可以通过下拉菜单切换结果类型，并在分析浏览器中查询数据明细，如图 3-43 所示。

在完成应力、安全系数、位移的相关分析后，在进行零件的几何重构之前，需要进行设计空间的划分，如图 3-44 所示。通俗来说，需要通过划分来确定不能够被重构优化的部分，从而使优化后的零件保留基础的使用功能。

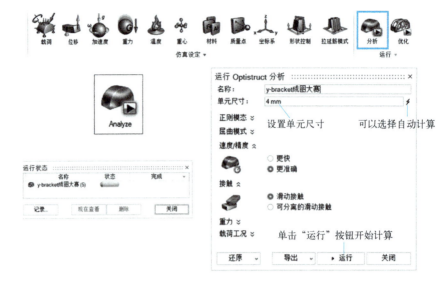

图 3-42　分析设置

图 3-43　分析结果显示

　　在优化设计空间明确后，需要对优化形状进行控制。在形状优化中可以通过双向拔模、对称/周期/周期对称等方式对零件优化后的形状进行控制，如图 3-45 所示，从而在零件美观、3D 打印支撑处理等方面达到更好的效果。

　　在优化设计完成后，由于自动优化可能导致优化后的零件表面不光滑，可以采用 PolyNURBS 手动包裹的方式将零件细节进行优化处理；当然，在进行到此处时，也可以通过优化后得到的零件肋板/筋的形状和位置自行在建模软件中切除掉多余的部分，并采用建模软件的功能对切除后的零件细节进行进一步打磨，如图 3-46 所示。

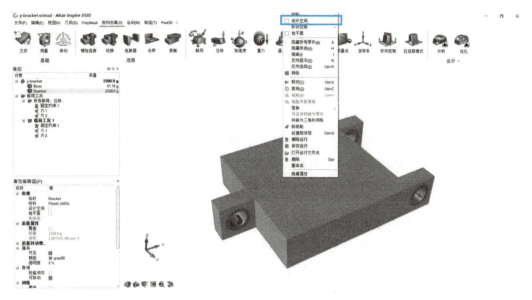

图 3-44　划分设计空间

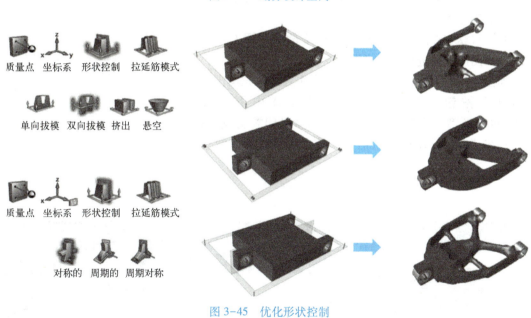

图 3-45　优化形状控制

几何重构方法

不限制重构方法，根据优化结果选择最合适的方法生成光顺的实体模型

- **拟合PolyNURBS**
- PolyNURBS手动包裹
- 实体建模等综合建模方式

图 3-46　优化处理

3.5 仿生海龟机器人设计优化

Profili+海龟水翼建模

3.5.1 仿生海龟水翼和蹼翼模型设计

1. 海龟水翼模型设计

自然界海龟水翼的横截面呈现出类似飞机机翼横截面的形状，为前缘较为圆滑且厚度较大、后缘呈现出较为尖锐的形状，将其拟合后类比为 NACA 翼型。通过设计多个翼弦长度不一的 NACA2412 翼型，使用 NACA2412 翼型搭配引导线放样进行海龟水翼零件的模型设计。

NACA 翼型是美国国家航空咨询委员会（NACA）开发的一系列翼型。每个翼型的代号由"NACA"这四个字母与一串数字组成，将这串数字所描述的几何参数代入特定方程中即可得到翼型的精确形状。NACA 后四位数字的含义：NACA XYZZ，X——相对弯度；Y——最大弯度位置；ZZ——相对厚度。

图 3-47　Profili 2 软件

对于水翼零件的建模，采用 Profili 2 软件（图 3-47）来生成截面图形，再进行进一步设计。

如图 3-48 所示，打开 Profili 2 软件后，首先单击"翼型管理"按钮，打开翼型库；在翼型库中下拉找到 NACA2412 翼型，单击"开始用所选翼型打印翼肋或模板"按钮；在"开始打印"对话框中，设定所需的翼弦数值后，单击"完成"按钮即可生成翼型。

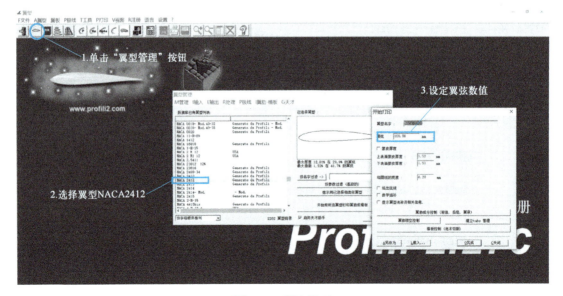

图 3-48　设定翼型

如图 3-49 所示，在翼型生成后，会弹出所设定翼弦对应的翼型图像。在确认翼型图像无误后，保存为 . dxf 文件即可。

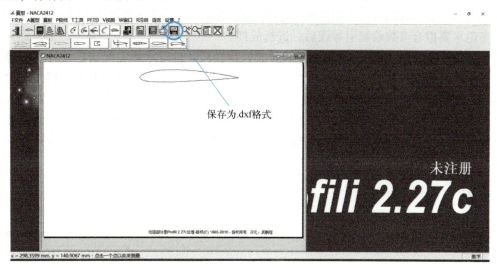

图 3-49　生成翼弦对应的翼型图像

通过重复以上翼型生成操作，得到海龟水翼放样所需的几种翼弦的截面图形，并依次保存为 . dxf 格式文件。

获得海龟水翼不同位置的截面数据后，打开 SOLIDWORKS 软件开始建立海龟水翼模型。在工作区域内建立多个互相平行的基准面，基准面之间的距离为获得的水翼截面之间的距离。

如图 3-50 所示，在各个基准面草图模式中导入从 Profili 2 得到的翼型截面图形文件。

【注意】导入主翼型截面（即最大翼型截面）时，将翼型截面图形的前缘最前点与基准点重合，并绘制翼型中线即前缘到后缘的连线与草图中的基准轴重合。

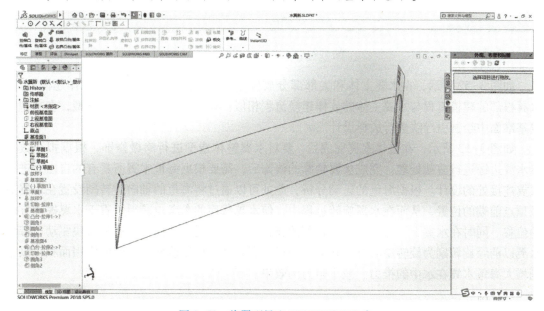

图 3-50　将翼型导入 SOLIDWORKS 中

首先绘制水翼主体，即除水翼根部与尖部外的部分。在中间两个相邻基准面中导入水翼截面翼型后，退出草图绘制，以两翼型中线为参考建立新的基准面。在基准面中绘制海龟水翼放样的引导线，采用自由曲线工具。以海龟水翼截面翼型前缘最前端连线为引导线端点，依据海龟水翼拟合参数绘制引导线后，进行放样。

如图 3-51 所示，在完成水翼主体部分放样建模后，进行水翼尖部放样设计。值得注意的是，水翼整体厚度除了在沿截面中线方向上不断变小，其厚度也随着从水翼根部到尖部不断减小。在此处的放样不采用加入翼型截面图形的方式进行设计。此处采用在尖部基准面上，根据拟合出的水翼轮廓曲线，在尖端位置设定一个参考点，然后以水翼主体的上截面作为放样底面，并将尖端参考点作为放样顶点，在水翼翼型中线基准面中依据拟合数据绘制出放样引导线，进行放样。

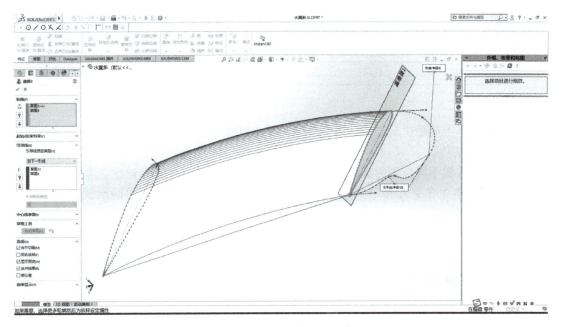

图 3-51　水翼尖部放样设计

如图 3-52 所示，在水翼主体和尖部部分放样建模后，进行水翼根部的放样建模设计。水翼根部的建模流程与水翼主体的放样建模流程相似：在平行基准面中导入翼型，在翼型中线基准面中绘制引导线进行放样设计。

如图 3-53 所示，在整体水翼完成后，要对水翼整体造型进行略微修饰，根据拟合数据对水翼边缘进行剪裁处理。完成水翼轮廓的修饰后，需要根据海龟水翼所具有的自由度进行水翼连接处的设计。根据海龟的运动分析，此处可以通过将海龟的轴向旋转副设置在水翼前缘顶点前端的位置，从而在水翼旋转过程中，使水翼截面的参考点获得垂直于水翼挥动方向的位移。同时在水翼下侧加设一个旋转副的连接位置，通过滑块摆杆机构的滑块驱动，带动水翼以前缘旋转副为旋转中心进行转动。通过水翼转动，可以改变与水流的作用面积，以达到增大海龟水翼在水中的推力、减小阻力的效果。

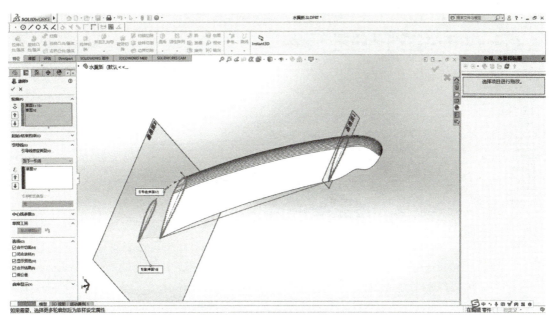

图 3-52　水翼根部放样建模设计

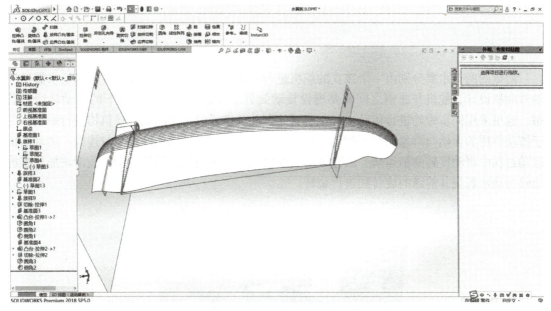

图 3-53　剪裁水翼轮廓并添加细节

2. 海龟蹼翼模型设计

如图 3-54 所示，蹼翼的建模流程与水翼的建模流程大致相同。需要注意的是，在海龟蹼翼翼型截面生成的过程中，根据海龟蹼翼的拟合数据，采用 NACA0012 翼型进行海龟蹼翼零件建模。NACA0012 为一种轴对称的翼型，所以不需要考虑蹼翼的正反面区别。

同时由于海龟的后肢采用空间双曲柄机构，海龟蹼翼零件只需要与 T 形连杆直接连接即可，无须设置旋转副。这里采用在海龟蹼翼的根部设置有直接的插拔口，通过直接插拔的方式固定海龟蹼翼。

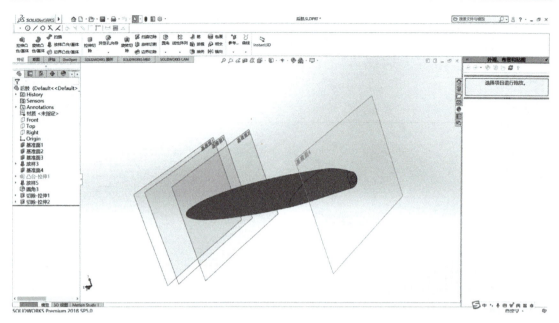

图 3-54　蹼翼建模

3.5.2　仿生海龟执行机构建模

1. 海龟水翼相关机构的建模

海龟的两个水翼分别由一个独立的舵机进行驱动。如图 3-55 所示，由于海龟水翼的同轴双曲柄设计，舵机与曲柄之间需要增设传动装置。考虑到海龟处于水下的运动环境和状态，这里采用同步带轮进行传动。海龟水翼的挥动动作通过一个曲柄摇杆机构进行带动。用于挥动作用的曲柄与海龟底板下侧用于旋转的曲柄通过一根弹性体进行牵拉连接。挥动曲柄运动过程中带动旋转曲柄运动，从而带动直线导轨上的滑块进行前后移动，使滑块摇杆机构能够带动水翼绕其前缘的旋转副进行旋转。

图 3-55　水翼相关机构

如图 3-56 所示，在海龟水翼相关零件的设计中，除了需要注意在高度上杆组需要留有冗余以防运动过程中杆组之间发生干涉，更为重要的是水翼托架的设计。由于海龟整体主体形状呈现扁蛋形，其四肢在运输收纳过程中就会造成比较大的困难和空间浪费。所以仿生海龟的水翼和蹼翼都需要设计成容易拆卸的模块化形式。这里设计了拓扑优化后的海龟水翼托架，通过托架的主枝干对海龟水翼前缘旋转副进行连接，同时可以起到固定直线导轨的作用。托架的另两个副枝干对滑块摆杆机构的直线导轨加固支撑。通过水翼托架膨大的主体与驱动挥动运动的曲柄摇杆机构中的连杆相固定，起到快速连接和方便拆卸收纳的效果。

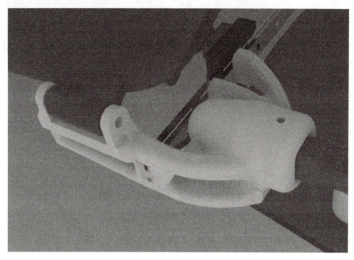

图 3-56　水翼托架

2. 海龟蹼翼相关机构的建模

如图 3-57 所示，仿生海龟蹼翼的作用是在海龟水下运动的过程中，通过蹼翼的快速运动提高海龟在水下的运动速度。在仿生海龟蹼翼的相关设计中，采用单舵机驱动两只蹼翼同步摆动的仿生，使海龟的两只蹼翼能够以相同的相位快速摆动，实现在水中的加速。可以在图 3-57 中看到，舵机的多盘输出轴上连接有一齿轮，通过齿轮啮合使与齿轮同轴的两同步带轮相对转动，通过同步带传递到末端带轮，经过联轴器将动力传递到末端执行机构——蹼翼空间双曲柄机构。

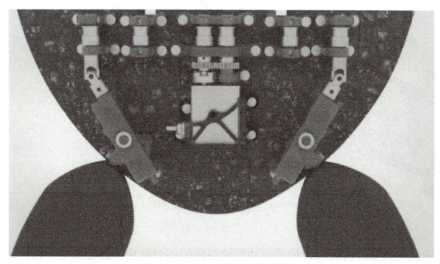

图 3-57　蹼翼

如图 3-58 所示，在传动机构的设计中，一边设置有 3 个同步带轮。靠外侧的两个同步带轮是进行动力的输入与输出，中间的同步带轮则作为张紧轮，可以通过使用螺栓压低张紧轮的位置使同步带张紧。

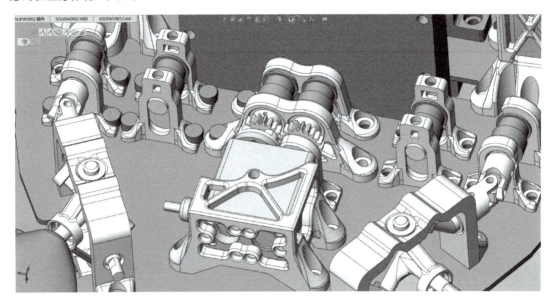

图 3-58　蹼翼传动机构

如图 3-59 所示，在仿生海龟的蹼翼相关机构设计中，由于传动组件设置较多，其轴承添加与限位方案需要着重考量。

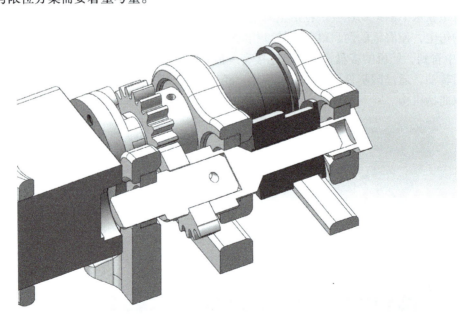

图 3-59　轴系剖视图

为了确保舵机输出齿轮以及镜像运动齿轮与轴的相对静止，齿轮采用方孔设计，使用展成法的尼龙齿轮。为了进一步确保齿轮的轴向位置，在驱动轴和 D 轴上都设置有限位台阶。

同时中间应用一个齿轮-同步带轮连接轴将同步带轮轴和齿轮轴相连。为确保同步带轮与同步带轮轴的相对静止，同步带轮轴采用 D 形截面的设计方案，搭配同步带轮上的顶丝实现相位锁定。同时为了防止同步带轮轴在轴向上的位移，采用 D 孔堵头将其轴向位置确定。

如图 3-60 所示，通过 SOLIDWORKS 透明化零件，可以更清楚地看到仿生海龟蹼翼相关机构的轴系设计，其中蓝色为舵机舵盘输出连接轴和 D 轴；灰色为齿轮-同步带轮连接轴；黑色为同步带轮轴堵头。

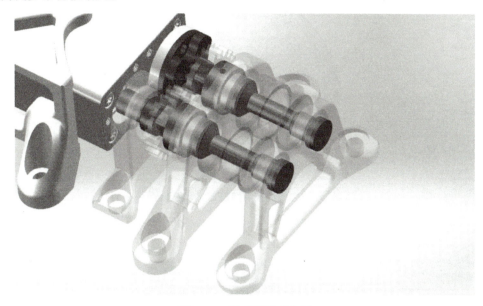

图 3-60　轴系设计示意图

3.5.3　仿生海龟龟壳和头部模型设计

1. 海龟龟壳模型设计

海龟龟壳采用 SOLIDWORKS 中的曲面功能进行设计建模。使用 SOLIDWORKS 的曲面功能，设计者可以创建各种类型的曲面，如圆柱面、圆锥面等。这些曲面可以通过一系列的几何

海龟三维建模教学

运算进行组合、修改和编辑，以实现复杂外形的建模。此外，SOLIDWORKS 的曲面功能还支持参数化设计，设计者可以通过参数控制曲面的形状，方便进行后续的修改和优化。同时，SOLIDWORKS 的曲面功能还支持进行有限元分析和流体动力学模拟，可以帮助设计者在实际制作前预测和分析产品的性能。总的来说，SOLIDWORKS 的曲面功能提供了一种高效、精确的方法来处理复杂外形的设计，有助于提高设计的灵活性和设计效率。

如图 3-61 所示，进行海龟上壳的建模，参考海龟上壳的轮廓拟合轨迹，建立 7 个相互平行的基准面与 1 个与这 7 个基准面垂直的基准面。在各个基准面中绘制出海龟上壳在此位置的外形轮廓，通过曲面放样功能建立海龟上壳的曲面模型。

如图 3-62 所示，使用曲面-加厚功能，将绘制出的上壳曲面进行加厚。这里设置上壳厚度为 3 mm，在曲面加厚的过程中不建议设置厚度过薄，选用 3 mm 比较安全，过薄经常会导致在 3D 打印制作过程中出现问题。

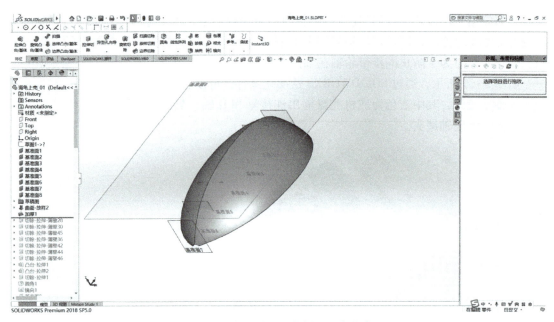

图 3-61　使用曲面功能做出上壳轮廓

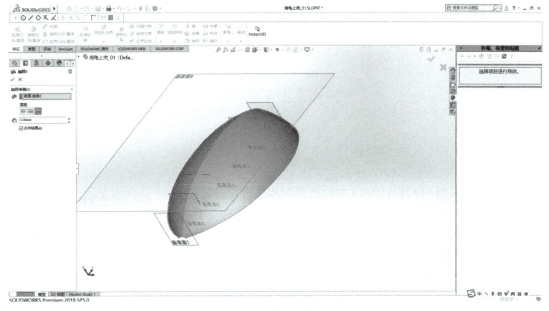

图 3-62　加厚曲面

如图 3-63 所示，完成曲面加厚之后，就得到了初步的上壳外形。为了使仿生海龟的上壳更加美观，选择在上壳上绘制出与龟壳类似的图案。这里采用绘制单线条草图进行"拉伸切除→薄壁→到指定面制定距离"搭配"镜像"命令的方式，在已经加厚的上壳上切出均匀的龟壳纹路，同时也可以使用包覆命令进行曲面纹路细节的绘制。

在整体上壳的厚度以及纹路的绘制完成后，进行细节的添加。为了防止海龟左右水翼和左右蹼翼运动的干涉，同时给头部预留出抬头和低头的空间，将海龟上壳的这五处进行切除，如图 3-64 所示。同时为了让海龟的上下壳体更好定位，在上壳的边缘加设定位的卡扣。考虑到上下壳体均为 3D 打印制作，强度可能相对较低。这里在海龟上壳上设计有螺栓阶梯孔，通过阶梯孔将海龟上壳-甲板-下壳固定成一体，以增强整体的牢固性。

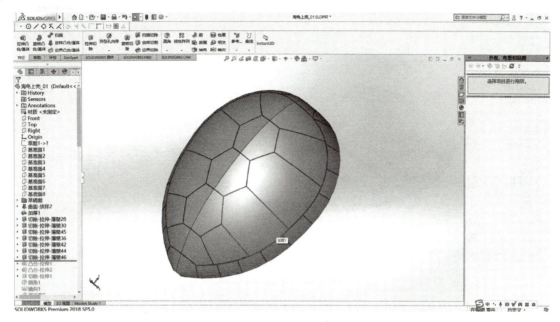

图 3-63　添加上壳纹路细节

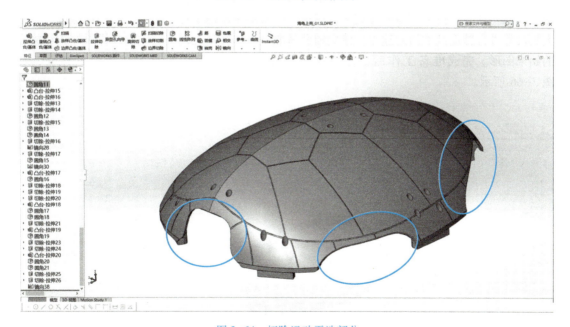

图 3-64　切除运动干涉部分

如图 3-65 所示，海龟下壳采用与上壳相同的方式进行建模，考虑到海龟下壳较为平缓，在这里可以通过建立较少的基准面完成曲面的放样工作。放样完成后，对下壳的运动干涉进行检查和修改，同时与上壳对应进行设计。需要注意的是对应的螺母孔可以设计为六边形孔，方便安装。

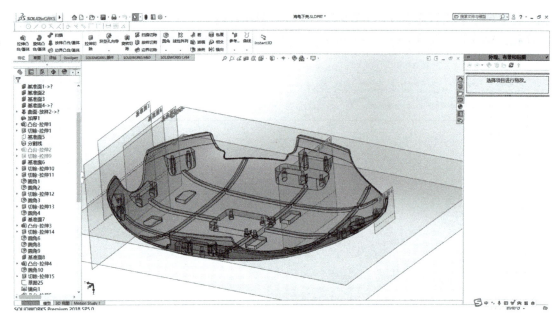

图 3-65　海龟下壳建模

2. 海龟头部模型设计

与海龟龟壳不同，头部由较多曲面拼接形成，采用曲面建模则较为烦琐。此处推荐采用建立实体→抽壳→拉伸切除的方式进行建模。在头部零件模型建立之前，先根据海龟头部的大致尺寸进行辅助基准面的建立。建立辅助基准面后，在基准面上绘制出放样引导线和放样的始末图形。完成准备工作后，使用放样凸台功能进行海龟头部大体形状的建立，如图 3-66 所示。

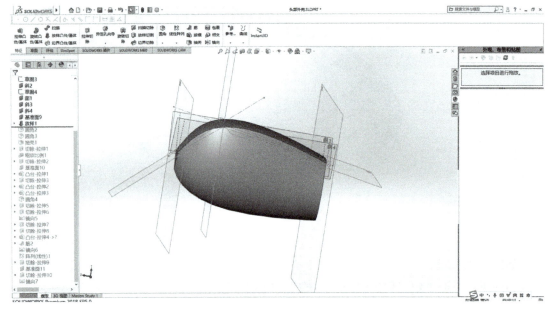

图 3-66　建立头部大体形状

直接采用引导线和图形放样设计出的海龟头部模型棱角较为明显，先采用圆角功能对海龟头部模型的棱角进行修饰，可以通过选择大半径圆角的方式，将海龟头部凌厉的线条柔化。

如图 3-67 所示，在完成线条处理后，开始抽壳操作。选择海龟头部脖根截面为抽壳底面进行抽壳，抽壳厚度选择为 3 mm。抽壳完成后，采用拉伸切除功能将海龟下巴部位切除，以露出海龟嘴部摄像头所需要的空间。

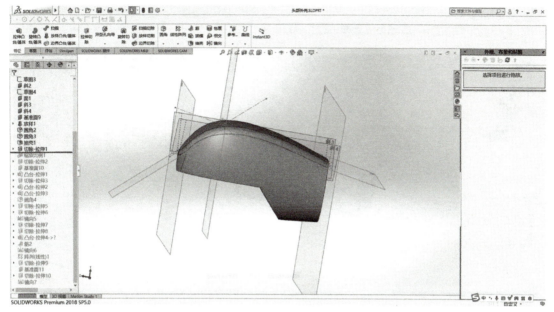

图 3-67　抽壳并切除

如图 3-68 所示，头部外壳基础建模完成后，将头部摄像头直接进行建模。由于此处安装的水下摄像头的质量较大，所以在支架加设的地方设置有加强筋，用来增强支架强度。

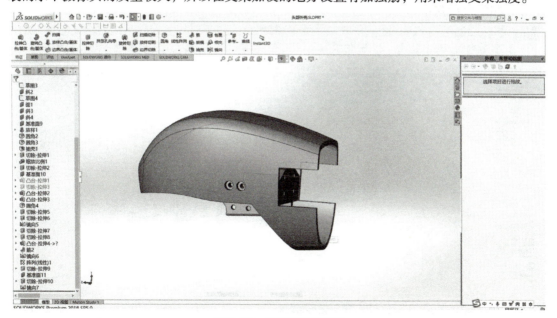

图 3-68　头部摄像头建模

3.5.4　仿生海龟零件有限元分析

在仿生海龟机器人整体模型建立结束后，需要对受力较大的部件进行有限元分析，保证零件可靠性。下面以仿生海龟机器人后部输出轴为例，进行有限元分析。

1）首先将输出轴材料属性填写完毕，将零件导入 ANSYS 软件中，如图 3-69 所示。

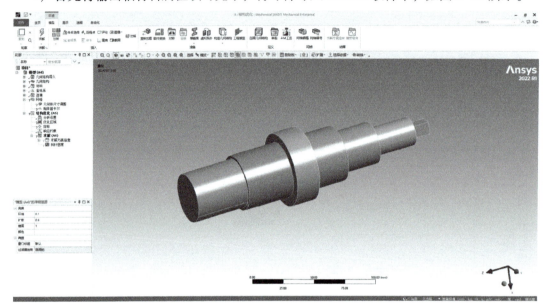

图 3-69　导入输出轴

2）对导入的输出轴进行网格划分。在自动划分网格后，发现网格质量较差，最后的分析结果可能与实际相差较大。通过尺寸调整，提升网格质量以进一步进行分析，最终网格划分结果如图 3-70 所示。

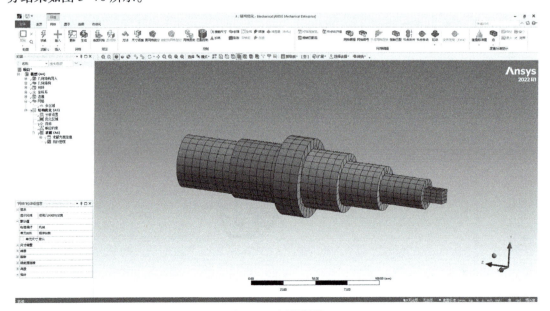

图 3-70　网格划分

3）打开模型界面，对输出轴施加约束。由于输出轴需要转动，不能直接进行支撑约束。单击"远程位移"按钮，限制其他方向运动，仅允许 X 方向转动，如图 3-71 所示。添加受力，在分析设置内添加解的步骤，对力进行阶段性改变以模拟转动时输出轴受力大小。

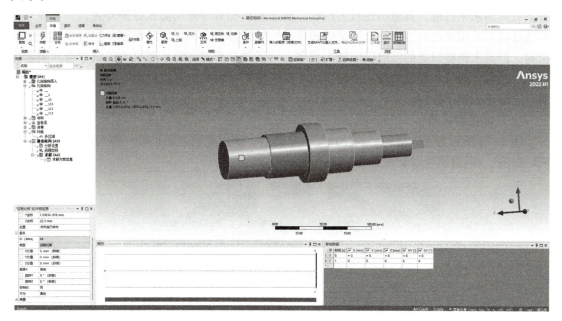

图 3-71　添加约束

4）插入等效应力与总变形结果，进行求解，最后计算结果如图 3-72 所示。生成结果若比正常值偏大，需要调到真实比例进行计算。可以看到不同时刻所受应力不同，取最大等效应力进行安全校核即可。

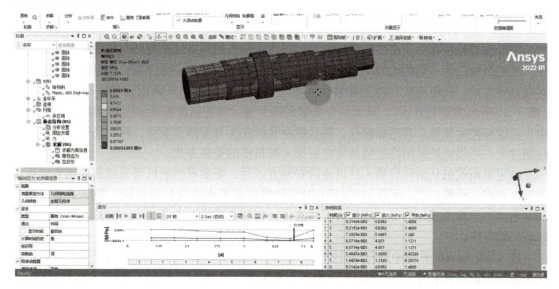

图 3-72　计算结果

3.5.5　仿生海龟零件强度设计优化

在零件优化方面，由于水下环境中需要充分考虑零件的抗压能力和零件本身重量，故采用拓扑优化的方式对零件进行优化。这里以两个舵机座的优化设计作为案例。防水舵机需要具备较高的水密性能，其造型也较为特殊。防水舵机拥有厚重的防水保护外壳，并且在外壳穿线处通常采用高水密性能的金属穿线螺栓进行线缆排布，再采用海水密封胶对穿线处进行密封。但是水密接口处的线缆仍旧较为脆弱，为了进一步提高防水舵机的使用寿命，需要保证舵机线缆处附近位置保留较大空间，防止线缆弯折导致舵机防水性能下降。在设计过程中需要充分考虑到干涉问题。

（1）卧式舵机座

图 3-73 所示为后肢机构中的卧式舵机座模型。防水舵机在输出轴一端与其对侧设置有 M3 螺栓孔，通过螺栓对舵机进行固定。

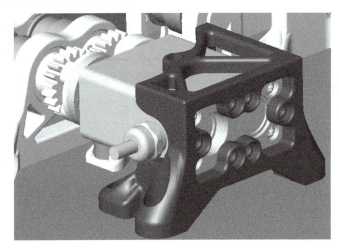

图 3-73　后肢机构中的卧式舵机座模型

在后肢机构设计中，由于需要将输出轴动力采用齿轮传动转化为两个镜像转动的动力输出，故舵盘输出轴一侧的空间需要全部使用。同时由于水密接口的存在，这里的舵机安装只存在两种方式：将舵机从上向下安装在舵机座的方式和将舵机从前向后插入舵机座的方式（图 3-73 所示的安装方式）。从上向下安装舵机所设计的舵机座需要的投影面积更大，同时由于只能够使用舵机后部的螺栓孔，并且螺栓孔所在面与支撑面垂直，螺栓孔结构所承载的扭矩过大。所以此处采用将舵机从前向后插入舵机座的安装方式。

确定采用舵机从前向后插入舵机座的安装方式后，需要根据舵机预先规划处理安装孔位置和水密接口干涉位置。采用 SOLIDWORKS 软件对舵机座进行初步建模，将除安装孔位置和水密接口干涉位置外的部分建模为整体实体。将初步建模保存成 .step 文件后，导入 Altair Inspire 软件中。

在 Altair Inspire 软件中进行设计空间的划分，确保安装孔和水密接口部分不会因拓扑优化失去特征。在软件中加设预计工作情况下的工况，并单击"开始"按钮进行优化分析。根据优化分析的结果，对在 SOLIDWORKS 软件中初步建模的零件进行切除，以减轻零件的重量。优化后的卧式舵机座模型如图 3-74 和图 3-75 所示。采用三角形的切除方案保证了切除后零件的整体强度，同时采用不对称的舵机座设计，以确保舵机与舵机座之间不发生干涉。同时，舵机座与甲板间的安装孔设置为 4 个，有效保证了舵机座安装的稳定性。

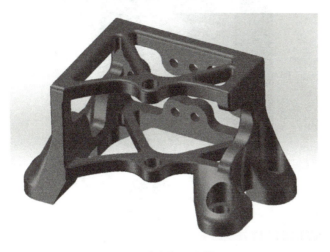

图 3-74　卧式舵机座模型 1

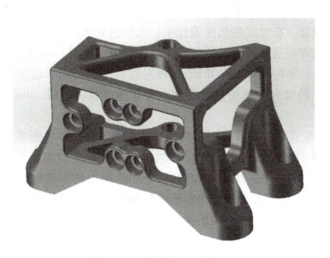

图 3-75　卧式舵机座模型 2

（2）立式舵机座

图 3-76 所示为前肢机构中的立式舵机座模型。防水舵机在输出轴一端与其对侧设置有 M3 螺栓孔，通过螺栓对舵机进行固定。

在前肢机构设计中，不需要使用到防水舵机预设的虚轴。但由于需要通过同步带轮传递动力，所以立式舵机需要与甲板有足够的距离，以安装舵盘联轴器和同步带轮。同时由于水密接口的存在，这里的舵机安装只存在两种方式：将舵机从侧边安装在舵机座的方式和将舵机从前向后插入舵机座的方式（图 3-76 所示的安装方式）。从侧边安装舵机所设计的舵机座一侧与甲板的安装孔位置难以设计，同时由于只能够使用舵机上部的螺栓孔，并且螺栓孔所在面与支撑面垂直，螺栓孔结构所承载的扭矩过大。所以此处采用将舵机从前向后插入舵机座的安装方式。

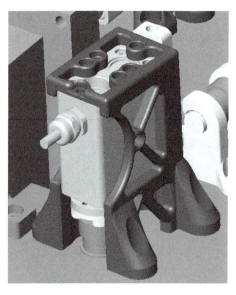

图 3-76　前肢机构中的立式舵机座模型

　　确定采用舵机从前向后插入舵机座的安装方式后，需要根据舵机预先规划处理安装孔位置和水密接口干涉位置。在立式舵机座设计中，尤其需要考虑在运动过程中同步带轮与立式舵机座之间是否可能存在运动干涉，并且由于不使用虚轴空间，可以设计并利用上两端面的螺栓孔，以分担受力。采用 SOLIDWORKS 软件对舵机座进行初步建模，将除安装孔位置和水密接口干涉位置外的部分建模为整体实体。将初步建模保存成 .step 文件后，导入 Altair Inspire 软件中。

　　在 Altair Inspire 软件中进行设计空间的划分，确保安装孔和水密接口部分不会因拓扑优化失去特征。在软件中加设预计工作情况下的工况，并单击"开始"按钮进行优化分析。根据优化分析的结果，对在 SOLIDWORKS 软件中初步建模的零件进行切除，以减轻零件的重量。由于前肢舵机的同步带张紧对舵机安装存在影响，在原有的与甲板安装的 4 个安装孔的基础上添加了后方的第 5 个安装孔，向后牵拉舵机座，以确保整体的稳定，如图 3-77 所示。

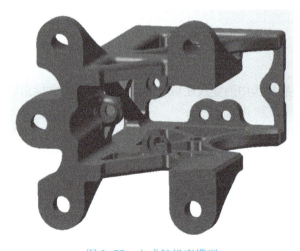

图 3-77　立式舵机座模型

3.5.6　仿生海龟零件中轴孔公差和极限偏差设计

机械零件中轴孔公差和极限偏差设计是确保零件装配与运转精度的重要环节。轴孔作为一种常见的零件连接结构，在设计中需要考虑到多种因素，以保证其在不同工况下的性能稳定性。

轴孔是机械零件中用于安装轴的孔，通常是通过加工形成的圆筒形孔。轴孔设计中的公差和极限偏差是为了确保轴和轴孔之间的适当配合。公差是零件尺寸的允许偏差范围。在轴孔设计中，公差用于控制轴和轴孔的配合，既要确保适当的间隙，又要保证合适的过盈配合。极限偏差是指零件尺寸允许的最大和最小偏差。在轴孔设计中，极限偏差用于确定轴孔的上限和下限，以确保轴孔的尺寸在合理的范围内。

轴孔公差和极限偏差的选择应该满足零件的功能要求。不同的机械结构和工作条件对轴孔的配合要求不同，因此需要根据实际情况确定公差和极限偏差数值。选择轴孔的公差和极限偏差时，需要考虑到生产工艺的可行性。如果选用过于严格的公差，可能会增加生产成本，并且可能难以实现。因此，需要在确保功能要求的前提下，尽量考虑生产工艺的可行性。轴孔的公差设计也需要考虑零件的装配与拆卸情况。过松的配合可能导致零件在运行过程中的松动，而过紧的配合则可能增加装配与拆卸的难度。因此，公差的选择需要综合考虑这些因素。不同材料在温度变化下会发生热胀冷缩，这也会影响轴孔的尺寸。在轴孔的公差设计中，需要考虑零件在不同温度下的尺寸变化，以确保在不同工作条件下仍能正常工作。

标准化组织制定了一系列的轴孔公差等级，这些等级对应了不同的公差范围，可以根据零件的要求选择相应的等级。IT 级别是一种用于表示轴孔公差等级的国际标准。例如，IT10、IT15 等，数字越小表示尺寸越精密。在确定零件尺寸时，可参考附录中表格。

第 3 章习题

习题 3.1

将习题 2.1 中设计的执行机构在 SOLIDWORKS 软件中进行三维建模，得到初始建模图。

习题 3.2

将习题 3.1 中建好的模型进行进一步优化，不限于将建模零件导入 Altair Inspire 软件中进行拓扑优化，在得出优化结果后将整体建模完善，使其在外形方面同样具有仿生特性。

习题 3.3

将习题 3.2 中优化完成的三维模型附上实物制作希望应用的材料，将其导入有限元分析软件（可以不限于 ANSYS）中进行有限元分析，判断强度是否可以满足设计要求。

第 4 章　仿生机器人制作

仿生机器人可以采用车、铣、刨、磨、钻、镗、钳、拉等传统的机械加工方法制作。这类传统的机械加工方法是以减材加工为主要加工方式，工序一般较为复杂且对人员技术要求较高。除了减材制造外，传统的机械加工方法还有铸造与锻造两种。这些传统的机械加工方法比较适用于一些大批量定型产品的制作，而仿生机器人目前还处于发展阶段，大多数尚未确定型号，有的即使已确定型号，也是小批量甚至于单件定制产品，这使得传统的机械加工方法在当前仿生机器人制作上存在诸多不足。基于此，仿生机器人往往采用数控车床、加工中心、3D 打印等先进制造技术进行制作。对于刚刚接触仿生机器人的大学生或科研爱好者而言，3D 打印设备具有体积小、成本低、制作灵活、种类可选性大等特点，更适用于仿生机器人的制作，所以本章着重阐述其内容并以实例说明其使用方法。

4.1　仿生机器人 3D 打印技术

4.1.1　3D 打印技术简介

3D 打印技术又称为增材制造，是一种创新性的制造技术，将数字模型通过逐层堆叠的方式直接转化为实体对象。这一技术自 20 世纪 80 年代发展至今，是造型技术和制造技术的一次重大突破，从成型原理上提出了一个分层制造、逐层叠加成型的全新思维模式，在多个领域得到广泛应用。下面将对 3D 打印技术的基本原理、应用领域、优势和挑战进行简要介绍。

3D 打印技术的基本原理是在三维数模驱动下，通过喷头将成型材料喷射出来或对材料层喷射黏结剂等方式进行层间堆积建造，逐层累积，得到与三维数模形状、尺寸一致的实体。主要包括以下几个步骤：首先，需要使用计算机辅助设计软件创建数字模型。这个数字模型描述了要打印物体的形状和结构。然后，数字模型通过专门的切片软件转化为数以千层的薄片。每一层的信息都会传递给 3D 打印机，指导其逐层堆叠材料。3D 打印机再按照切片得到的信息，逐层堆叠材料。常见的堆叠方式包括熔融沉积、光固化、粉末烧结等。最后，完成的物体从 3D 打印机中取出。这一过程可以在相对较短的时间内完成，且不需要传统制造中的模具和大量工序。

3D 打印技术在制造业中得到广泛应用。制造商可以使用这一技术制作原型、定制零部件、生产小批量产品，从而减少生产成本和提高灵活性。医疗领域是 3D 打印技术的重要应用领域之一。医生可以使用 3D 打印技术来制作患者特定的医疗器械、植入物和义肢，提高治疗效果和患者生活质量。在航空航天领域，3D 打印技术被用于制造轻量化零部件，减轻飞机和宇航器的重量，提高燃油效率和性能。建筑业也在逐渐采用 3D 打印技术，通过逐层堆叠建筑材料，实现更为复杂和个性化的建筑结构。3D 打印技术为学生和研究人员提供了一个直观的学习和研究工具。学校和研究机构可以使用 3D 打印技术来制作模型、原型和实验装置。

　　传统制造通常需要制作模具、进行大量的加工和切割，而 3D 打印技术不需要这些工序，可以降低制造成本。3D 打印技术可以根据个体需求进行定制化生产，为个人和企业提供更灵活的选择。传统制造方法可能难以制造复杂结构的物体，而 3D 打印技术可以轻松实现这一点，促进设计创新。如图 4-1 所示，由于 3D 打印技术是逐层堆叠，材料使用率较高，减少了浪费，有助于可持续发展。

图 4-1　3D 打印技术

　　尽管 3D 打印材料种类日益增多，但目前的材料仍然存在一些局限性，如强度、耐久性等方面需要进一步改进。3D 打印速度相对较慢，尽管目前市场上已经出现了很多高速 3D打印机，但是对于大批量生产可能不够高效。因此，提高打印速度仍然是一个需要解决的问题。在大规模生产中，确保每个打印制品质量的一致性仍然是一个挑战，需要更为精密的质量控制手段。

4.1.2　3D 打印技术发展趋势

　　20 世纪 80 年代以来，3D 打印技术引起了全世界的关注，开始进入人们的视野和生活。随着技术的进步，3D 打印技术逐渐应用于制造业，加速产品设计和开发过程。2000年以来，3D 打印技术逐渐扩展到医疗、航空航天、汽车等领域，成为重要的生产工具。随着时代的发展，开始涌现出更多打印材料、打印技术和设备，使 3D 打印技术被更加广泛应用。如今，3D 打印技术已经在制造、医疗、学术、航空航天和军事等多个领域得到了很好的发展和应用。经过数十年的发展，该技术目前已经逐步从理论科研阶段转化为商业落地阶段。

　　3D 打印行业在过去几年迅猛发展，市场规模逐年扩大。根据行业研究报告，3D 打印行业在未来十年内仍将处于高速增长期，主要驱动因素包括技术创新、成本下降和应用领域扩展。医疗器械、航空航天、汽车和工业制造等领域对 3D 打印技术需求增大，应用端呈现快速扩展趋势。未来，工业 3D 打印将成为 3D 打印技术的主流应用方向。在医疗领域，3D 打印技术用于定制医疗器械、人体器官模型、医疗影像重建等，如图 4-2 所示；在工业制造领域，3D 打印技术用于快速原型制作、定制零部件生产、生产工具制造等；在航空航天领域，3D 打印技术用于轻量化部件制造、复杂结构件打印、航天器件制造等；在汽车领域，3D 打印技术用于定制汽车零部件、汽车外观设计模型制作等。随着科技的不断发展，3D 打印技术和材料也在不断创新。新型 3D 打印技术，如激光烧结、光固化、喷墨等，不断涌现，提高了打印速度和打印精度。此外，新材料的研发使得打印出的产品更具强度、耐用性和多样性。

在未来，随着技术的成熟和普及，预计 3D 打印机的成本将降低，生产周期将缩短，应用领域将扩大，并注重生态环保和节能减排。随着智能制造的推进，3D 打印技术作为数字化制造的一部分，将更加深度融入生产流程。智能化的 3D 打印系统将能够实现自动化和智能化的生产，提高生产率和灵活性。生物打印技术的发展将推动医疗领域的革命。通过生物打印，科学家已经成功实现了人体组织和器官的制造，为移植和疾病研究提供了新的可能性。在建筑领域，3D 打印技术已经开始应用于大规模建筑项目，通过巨型 3D 打印机，可以实现更快速、更经济的建筑，减少浪费，提高建筑质量，未来可以通过 3D 打印技术实现价格低廉、制造方便的房屋设施，如图 4-3 所示。3D 打印技术的推广应用有望促进制造业的可持续发展。由于可以按需生产，减少了物料浪费，同时采用可再生材料和可降解材料，有助于减轻对环境的影响。

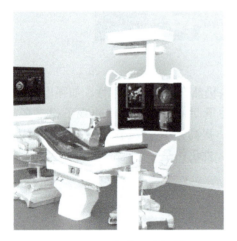

图 4-2　3D 打印医疗器械

图 4-3　3D 打印房屋设施

4.1.3　3D 打印技术面临的问题与挑战

未来的 3D 打印技术也面临一些问题与挑战。目前与传统生产方式相比，3D 打印机的成本较高，但随着技术的发展和成熟，预计成本将逐渐下降。另外，3D 打印技术在生产速度和规模方面仍有待改进，以满足大规模生产的需求。材料的选择也是一个关键问题，需要更多的研究和创新来提高打印材料的质量和功能。尽管 3D 打印技术的应用领域不断扩大，但高质量的打印材料仍然相对昂贵。特殊合金、高性能塑料和其他先进材料的价格限制了该技术在大规模生产中的竞争力。所以目前来看，3D 打印技术的成本仍然较高，难以满足工业产品的需求。为了推广 3D 打印技术，研究人员和产业界需要寻找更经济、可持续的打印材料，以降低制造成本。除了原料成本外，高端 3D 打印设备的价格昂贵，对于中小企业和创业公司而言，投资成本可能是一个巨大的障碍，而维护和更新设备所需的费用也是一个不可忽视的因素。寻找降低设备成本的方法，如采用更经济实用的打印技术或开发更便宜的设备，是当前亟待解决的问题。

在打印速度与效率方面，3D 打印技术也面临着挑战。3D 打印通常需要较长时间来完成，特别是对于大型和复杂结构的对象。这对于需要高效生产的领域，如汽车制造和大规模建筑领域，可能是一个制约因素。研究和发展更快速的打印技术、提高打印速度与效率是当前 3D 打印技术所面临的紧迫问题。3D 打印在打印质量与精确度方面也与工业产品要求存在着一定的差距。尽管已经有了金属 3D 打印等技术，3D 打印制品（图 4-4）的表面质量仍然难以保障，尤其是对于一些高精度、高要求的领域，如航空航天和医疗领域，提高打印精度和确保制品一致性是当前迫切需要解决的问题。

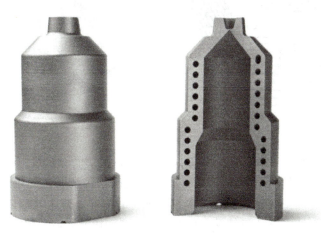

图 4-4　金属 3D 打印制品

尽管 3D 打印技术取得了巨大的成就，但仍面临着成本、速度、质量、知识产权、法律和环境等方面的诸多挑战。未来的发展需要在技术创新、材料研发、法规制度等多个层面进行努力。通过不断解决这些问题，3D 打印技术有望更好地服务于各个行业，实现更广泛的应用和可持续发展。

4.1.4　仿生机器人融合 3D 打印技术

仿生机器人是受生物体结构和功能启发而设计的机器人。它们模仿生物学原理以实现更灵活、智能和适应性强的机器人系统。3D 打印技术，作为一项革命性的制造技术，为仿生机器人的设计和制作提供了新的可能性。

1892 年，J. E. Blanther 首次提出了层叠成型方法。该方法主要内容为，将图形轮廓线压印于一系列蜡片上，按轮廓线切割各蜡片，并将切割后蜡片有序黏结在一起得到三维物体，如图 4-5 所示。这种成型方法为 3D 打印技术核心思想的出现奠定了基础。在这种方法的基础上，Charles W. Hull 提出将光学技术与快速成型技术进行融合，开发了第一种 3D 打印技术——光固化成型技术，并研发了著名的 STL 文件格式。STL 本质是将一个立体模型的表面按照一定规则划分成多个三角形面片，每个面片都包含 3 个顶点的三维坐标及面片法向量信息，近似描述三维实体模型的表面，从而实现 3D 模型的表达。STL 形成示意图如图 4-6 所示。由于 STL 的三角形面片格式易于被切片软件分层处理，目前已成为一种最常用的为快速原型制作技术服务的三维图形文件格式。迄今为止，3D 打印技术已经发展到数百种成型工艺方法，商业价值持续增加，市场规模不断扩大。虽然 3D 打印技术工艺方法众多，但基本原理大同小异，运作原理与传统喷墨打印机相似。

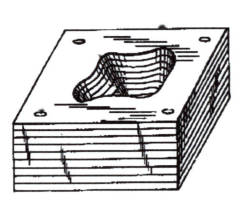

图 4-5　层叠成型方法示意图

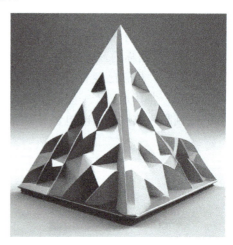

图 4-6　STL 形成示意图

传统零件加工工艺如车、铣、刨、磨等，大多为减材工艺，通过去除大于零件体积的毛坯上的材料进行加工，材料利用率低。3D 打印技术突破了传统工艺的思想，通过增材制造的方式，用材料逐步叠加得到完整三维实体，材料利用率可以高达 80% 以上。3D 打印技术的基本原理和打印材料的广泛性使其具有自由成型制造、快速制造、数字化驱动、经济效益突出和应用领域广泛的特点，打印流程可以分为前处理、成型加工和后处理三个阶段。

1. 前处理阶段

前处理阶段主要包括三维模型导入与模型切片两个部分。首先，在前处理阶段，需要将设计好的三维模型导入 3D 打印系统中。导入的模型需要采用 STL 文件格式，这是一种常用的三维模型文件格式，它能够准确地描述物体的几何形状。这些模型可以通过专业的三维建模软件进行构建，也可以通过对实体零件进行扫描获得相应的数据，从而构建出完整的三维模型。模型导入完成后，进入模型切片过程。这一步通常需要借助专用的切片软件。切片软件能够将三维模型按照用户指定的参数进行分层处理，并生成相应的切片文件，供打印机使用。在进行切片处理之前，首先需要对模型进行校验，确保其几何形状的完整性和正确性。校验无误后，需要确定模型的摆放方向和位置。模型的摆放方向和位置直接影响着打印过程中的多个方面，包括打印制品的质量、打印时间和支撑结构的设计等。摆放方向和位置确定后，进行模型的切片处理。在这个过程中，需要确定如层厚、填充密度等参数，这些参数的选择直接影响着最终打印制品的质量和性能。在通常情况下，层厚越小，打印的精度越高，但打印时间也会相应增加；填充密度越大，打印制品的强度也会越大，但同样会增加打印时间。因此，需要根据模型的实际用途和要求来合理设置这些参数，以达到最佳的打印效果。前处理阶段为后续的打印过程奠定了坚实的基础，正确的模型导入和切片处理能够确保最终打印制品达到预期的质量标准，并满足用户的需求和要求。随着 3D 打印技术的不断发展和创新，前处理工作也在不断优化和完善，为 3D 打印技术的广泛应用提供了可靠的支持和保障。

2. 成型加工阶段

在 3D 打印的成型加工阶段，首先需要将预先切片好的模型数据上传到打印机的控制系统中。这些模型数据包含了整个打印对象的几何信息和层次分解，为打印机提供了必要的指导和控制。一旦模型数据上传完成，控制系统就会开始执行一系列的操作，以确保打印过程的顺利进行。其中，调平是一个关键步骤，其确保打印平台处于正确的水平位置，以避免打印过程中的不稳定性和变形。同时，控制系统也会进行振动补偿，以抑制打印过程中可能产生的振动，从而保证打印精度和质量。在调平和振动补偿完成后，控制系统开始控制喷头出料与移动。喷头根据预先设定的路径和参数，在打印平台上逐层堆叠材料，逐渐构建出完整的三维实体。这一过程通常采用层叠方式进行，即每一层的材料在前一层的基础上逐渐堆积，直至完成整个打印对象的制作。目前 3D 打印技术的发展已经可以满足整个成型加工过程完全的自动化运作。这意味着人工干预的需求非常低，大部分操作都由控制系统自动执行。这不仅大幅降低了人力成本和时间成本，还提高了生产率和一致性，使得 3D 打印技术更具竞争力和可持续性。

3. 后处理阶段

后处理阶段在 3D 打印领域扮演着至关重要的角色。它不仅仅是简单的支撑结构去除、打磨和抛光，而是一个精细加工的过程，旨在提高打印制品的表面质量和最终性能。在这个阶段，各种技术和工艺被应用于不同类型的 3D 打印制品，以满足特定的需求和要求。支撑结构的去除是后处理的一个重要环节。在大多数情况下，3D 打印制品会附着一些额外的支撑结构，以保证打印过程中的稳定性。这些支撑结构需要被小心地去除，以免损坏主要部件，并确保表面的平整度。这一步通常需要使用手工工具或特殊的去支撑设备，以确保去除的彻底和准确。支撑结构去除后的打磨和抛光是提高打印制品表面光滑度和精细度的重要步骤。通过打磨和抛光，可以降低表面的粗糙度和不均匀性，使其达到更高的表面质量标准。这一过程可能涉及手工打磨，也可能采用自动化的机械抛光设备，具体取决于打印制品的尺寸、形状和材料。除了常规的打磨和抛光，一些特殊的 3D 打印制品可能需要额外的后处理工序。例如，喷砂工艺可用于降低表面的粗糙度，并赋予其特定的纹理和质感；化学浸渍则可以改善打印制品的密封性和耐久性，同时增强其力学性能；而局部融化则可以修复打印过程中的缺陷或不完美部分，使得最终制品更加完美。针对使用水溶性支撑结构的打印工艺，冲洗去除水溶性支撑结构是一个必要的步骤。这通常涉及将打印制品浸入特定的溶液中，以使水溶性支撑结构迅速溶解，从而达到去除的目的。这个过程需要一定的时间和技巧，以确保支撑结构完全被去除，而不会损坏打印制品本身。可以看出，后处理阶段直接影响着打印制品的最终质量和性能，是 3D 打印过程中至关重要的一环。

由于 3D 打印技术不同于传统制造方式，使得这种工艺可以使用的材料种类较多，目前已有 200 余种。每一种 3D 打印工艺的推出和发展都与材料的研究密切相关。根据 3D 打印技术的建造原理，可以将成型材料细分为液态材料、丝状材料、薄层材料和粉末材料等。目前常见的 3D 打印材料有 ABS、PLA、亚克力、尼龙铝粉、树脂、金属材料（金银钢钛等）、陶瓷材料等。其中 ABS、PLA、亚克力、尼龙铝粉等材料统称为工程塑料。工程塑料是当前行业应用最为广泛的一类 3D 打印材料，其在商用 3D 打印材料中的占比达到 90% 以上，被广泛应用于 FDM 设备的 3D 打印工作中，其强度、抗冲击性、耐热性、硬度及抗老化性等综合性能都较好，如图 4-7 所示。光敏树脂是在紫外线照射下会固化的液体树脂，其具有良好的液体流动性和瞬间光固化特性。使用光敏树脂材料制作而成的产品光滑而精致，是原型制作的优选，同时也适用于某些开模应用，如图 4-8 所示。虽然光敏树脂与行业内通常生产使用的热塑性塑料和弹性材料不属于同一类别，但在机械特性、热特性和视觉特性方面均可比拟这些材料，其缺点为对紫外线敏感，耐用性低。金银钢钛等金属材料在 3D 打印中一般为粉末状、箔状和丝状。当高性能热塑性塑料不能满足要求时，通常通过使用金属和合金来确保制作出致密、耐蚀且强度高的零件，并且能够进行热处理和应力消除。金属材料能够适用于 SLS、DMIS、EBM 等工业级别的 3D 打印机。当前常见的金属材料包括钛合金、不锈钢、镍合金和铝合金等。金、银等贵金属粉末材料偶尔也会被用于打印首饰或艺术品等，如图 4-9 所示。陶瓷材料具有高强度、高硬度、耐高温和耐蚀等特性，广泛应用于生物、机械工程等领域。3D 打印专用陶瓷材料是由陶瓷粉末和黏合剂混合而成的。陶瓷 3D 打印技术是利用激光作用在打印材料上时，使打印材料内部发生交联固化作用的原理，通过逐层叠加打印形成陶瓷制品，如图 4-10 所示。应用这种技术制成的陶瓷制品，其致密度接近 100%，具有极高强度和硬度，经常应用于工艺品、建筑和卫浴等产品的制作过程中。

图 4-7　工程塑料打印零件

图 4-8　光敏树脂打印零件

图 4-9　金属打印首饰

图 4-10　陶瓷打印制品

由于 3D 打印技术的不断发展和应用领域的不断扩大，对于材料的需求也在不断增加。随着 3D 打印技术的进步，新型材料的研发也得到了更多关注。这些新型材料往往具有更优越的性能和功能，能够满足各种特定领域的需求。例如，一些新型高分子材料具有特殊的功能，如具有超弹性、超减振、自修复、抗菌等特性，这些材料在医疗、航空航天、汽车和电子等领域有着广泛的应用前景。此外，随着环境保护意识的增强，绿色环保材料的需求也在不断增加。这些材料通常具有可降解性、可再生性或低碳排放等特点，有望在未来成为 3D 打印技术的重要发展方向之一。生物材料也是一个备受关注的领域。生物医学工程和组织工程等领域的不断发展，对于生物相容性和生物活性材料的需求日益增加。这些材料可以用于制造人工器官、医疗植入物、生物传感器等，有望在医疗和生命科学领域发挥重要作用。另外，复合材料也是未来 3D 打印材料的一个重要发展方向。复合材料通常由两种或多种不同类型的材料组合而成，具有综合性能优异、轻量化、高强度等特点，适用于各种领域的应用，如航空航天、汽车制造、建筑等。总的来说，随着科技的不断进步和市场需求的不断变化，未来 3D 打印材料将向着更加多样化、高性能和可持续的方向发展。新型材料的不断涌现将为 3D 打印技术的应用提供更多可能性，推动各行业的创新和发展。

下面将对常用于仿生机器人制作中的 3D 打印工艺进行介绍。首先介绍最常用的熔融沉积成型工艺。熔融沉积成型工艺，简称为 FDM，是目前应用最广泛的 3D 打印工艺。这种工艺的优势之一在于其相对低廉的成本，使得 FDM 技术在消费级市场上得到了广泛应用，并且在教育领域和个人制造领域也有着重要地位。FDM 工艺通过加热热熔型喷头，将成型材料挤出成型，随着喷头在平面内运动得到有轮廓形状的薄层，薄层进行堆积叠加得到三维实体，如图 4-11 所示。除了成本低廉外，FDM 工艺还具有高度的可定制性和灵活性。用户可以根据具体需求选择不同的成型材料。FDM 成型材料一般为低熔点热塑性材料，如 ABS、PLA、尼龙等。为满足 FDM 工艺要求，成型材料一般熔融温度低、黏度低、黏结性好、收缩率小，并且具有环境友好、可循环利用、耐用性强的优点。FDM 工艺所需的设备相对简单，操作方便，使得用户可以在家庭或小型工作室环境中进行制作，为个性化定制和小批量生产提供了便利。这种工艺在打印过程中需要生成支撑结构，支撑结构目前主要有剥离性和水溶性两种类型，水溶性支撑结构可以在特定液体中溶解，在降低支撑结构去除难度的同时，保证了成型制品的精度。图 4-12 所示为 FDM 工艺应用实例。FDM 工艺在仿生机器人制作中具有重要的应用价值。该工艺能够制作出具有良好力学性能和结构强度的零部件，因此常被用于制作仿生机器人的外壳、骨架、连接件等部件。通过 FDM 工艺制作的零部件，具有较高的精度和表面质量，能够满足仿生机器人对于结构刚性和装配精度的要求。另外，在仿生机器人的研究和开发过程中，FDM 工艺还可以用于快速原型制作和设计验证。借助于 FDM 技术，研究人员可以快速制作出各种不同结构和功能的原型，进行实验验证和功能测试，为仿生机器人的设计优化和性能改进提供了有效的手段。

其次介绍相对常用的光固化成型工艺，简称为 SLA，是最早发展起来的 3D 打印技术，目前已经成为技术最完善、应用范围最广的一种 3D 打印工艺。SLA 工艺是通过紫外激光束在控制系统控制下按零件各层截面信息在光敏树脂表面进行逐点扫描，使其产生光聚合反应而固化以形成薄层，薄层逐步叠加得到三维实体。在此过程中刮板将黏度较大的树脂液面刮平，使树脂均匀附在上一薄层上，提高整体零件的制作精度及表面平整度，如图 4-13 所示。由于 SLA 工艺的特殊工艺原理，目前主要以光敏树脂为原材料进行打印工作。随着材料种类的不断开发，目前已经开发出了多种性能不同的树脂材料。SLA 工艺具有自动化程度高、精度高、表面质量高、可制作复杂结构等优势。然而，由于单一的原料限制，最后成型的零件往往具有强度较低、需避光使用、脆性较高、易断裂的缺点。图 4-14 所示为 SLA 工艺应用实例。尽管 SLA 工艺在一些方面存在一些局限性，但其在制作复杂结构、精密零件和视觉效果要求高的应用领域仍然具有重要意义。在仿生机器人制作中，SLA 工艺可以实现非常高的制作精度，因为它使用的紫外激光束可以在很小的范围内进行精确地控制。这种高精度制作能力使得 SLA 工艺非常适合制作仿生机器人中的微小零件和复杂结构，如传感器、关节部件等。仿生机器人通常需要复杂的结构来实现其特定的功能和运动方式，SLA 工艺由于可以制作出具有复杂结构的零件，包括内部空腔、螺旋形状等，在仿生机器人的设计制作中具有一定的重要性。同时，随着光敏树脂材料的不断改进，SLA 工艺可以使用多种类型的光敏树脂材料，包括具有不同硬度、透明度、耐热性等特性的树脂。这种材料的多样性能够通过选择最适合其设计需求的材料，从而实现更好的设计效果。还可以探索将 SLA 工艺应用于制作生物相容性材料，用于仿生机器人的医疗应用，如人工器官的制作和植入。因此，SLA 工艺在仿生机器人制作领域具有广阔的应用前景和重要的研究意义。

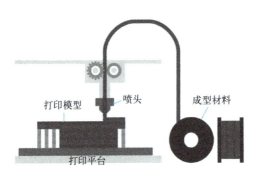

图 4-11　FDM 工艺原理图

图 4-12　FDM 工艺应用实例

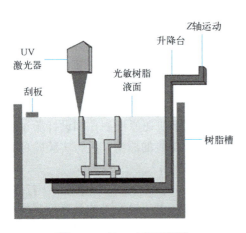

图 4-13　SLA 工艺原理图

图 4-14　SLA 工艺应用实例

最后介绍不太常用的选择性激光烧结成形工艺，简称为 SLS。这项技术于 1989 年发明。与光固化成型工艺类似，SLS 也是一种基于激光照射的 3D 打印工艺。它采用激光照射聚合物或金属粉末，使粉末熔融黏合，从而逐层堆叠形成三维实体。在 SLS 工艺的加工过程中，首先通过铺粉辊将一层粉末材料平铺在已成型零件的上表面，然后加热至恰好低于该粉末熔化点的某一温度。控制系统会控制激光束按照该层的截面轮廓在粉层上扫描，使粉末的温度升至熔化点，进行烧结并与下面已成型的部分实现黏结。一层截面烧结完成后，工作台下降一个层的厚度，铺粉辊又在上面铺上一层均匀密实的粉末，进行新一层截面的烧结，直至完成整个模型，工艺原理如图 4-15 所示。在成型过程中，未经烧结的粉末对模型的空腔和悬臂部分起着支撑作用。SLS 使用的激光器通常是 CO_2 激光器，而使用的原料包括蜡、聚碳酸酯、纤细尼龙、合成尼龙、金属以及一些正在发展中的新型材料等。完成三维实体的堆积后，通常还需要进行后处理以满足实际应用的需求。常用的后处理方法包括脱脂烧结、高温烧结、热等静压烧结、熔渗和浸渍等。尽管 SLS 工艺在仿生机器人领域相对不太常用，但其在航空航天、机械制造、建筑设计、工业设计、医疗和汽车等领域中的应用广泛。SLS 工艺应用实例如图 4-16 所示。由于其能够实现复杂结构的制作以及材料种类的多样性，SLS 工艺在仿生机器人的设计和制作中具有独特的优势。在仿生机器人的制作过程中，需要考虑到机器人的结构轻量化、功能多样化以及对不同环境的适应性。SLS 工艺所制作的零部件具有较高的强度和耐用性，能够满足机器人在各种复杂环境下的需求。同时，SLS 工艺还可以使用多种材料，包括聚合物和金属，为仿生机器人的设计提供更多的选择。例如，可以使用金属材料制作机器人的关节部件，以提高其稳定性和耐久性；而利用高性能聚合物材料则可以实现机器人的外壳设计，使其具有良好的抗冲击性和防水性能。此外，SLS 工艺的高精度和灵活性还使得仿生机器人的设计更加灵活多样。设计师可以根据机器人的功能需求，通过优化结构设计和材料选择，实现机器人各部件的最佳性能和工作效率。

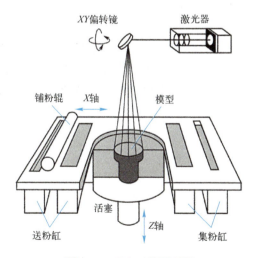

图 4-15　SLS 工艺原理图

图 4-16　SLS 工艺应用实例

当谈及仿生机器人与 3D 打印技术的融合时，必须深入了解这两者的交汇点以及相互促进的关系。仿生机器人，作为一种人工制造的机器人，旨在模仿自然界生物体的结构、功能和行为，从而实现类似生物体的行为表现；而 3D 打印技术，则是一种通过逐层堆叠材料来制造物体的制造方法，其可以将复杂的数字模型直接转化为物理实体，而无须传统加工方式所需的模具和工装。在这两者的融合中，首先体现在仿生机器人的设计和制作过程中。传统的制造方法通常受限于模具和加工工艺，很难实现复杂的结构和形状，而借助于 3D 打印技术，设计师可以更灵活地设计和制作出各种复杂的结构和形状。通过 3D 打印技术，仿生机器人的外形和结构可以根据仿生学原理和功能需求进行高度定制，从而实现更好的性能和功能。3D 打印技术具有逐层堆叠的优势，可以轻松实现仿生机器人中复杂结构的制作，包括生物学中一些独特的结构，如昆虫的外骨骼或动物的肌肉纤维排列方式。仿生机器人通常需要轻量且强度足够的结构，以实现更灵活的运动和更高的能效。3D 打印技术可以使用轻量且高强度的材料，并在设计中实现空隙结构，从而实现轻量化设计。

3D 打印技术为仿生机器人的制作提供了高效、快速的解决方案。传统的制造方法通常需要制造复杂的模具和工装，耗时耗力，而且成本较高，而使用 3D 打印技术，则可以直接从数字模型中将设计转化为物理零件，省去了制造模具的步骤，大幅提高了制造效率。此外，由于 3D 打印技术可以实现批量定制，因此可以根据实际需求灵活调整制造方案，从而更好地满足设计过程中的各种需求。3D 打印技术可以将多个零部件集成在一起，从而实现更简化的机械结构和更高的整体性能。同时，它还可以实现多材料复合打印，使得同一结构中可以使用不同的材料以实现更复杂的性能要求。这种多材料复合打印的特性对于仿生机器人的设计尤其重要，因为仿生机器人通常需要不同部位具备不同功能和性能，而这正是 3D 打印技术所能提供的。目前一些高级 3D 打印系统支持多材料或多喷嘴打印，实现同一模型中使用不同硬度或类型的材料。该特性对于柔性结构打印具有很好的实用性，可以在不同部位使用不同硬度或特性的材料。

3D 打印技术可以打印仿生机器人中特殊的柔性部分，简化整体工艺，其灵活性可以轻松实现个性化的设计，满足特定用途和用户需求，如图 4-17 所示。柔性 3D 打印常见材料主要包括热塑性弹性体、弹性聚氨酯、硅胶等。热塑性弹性体具有柔软的特性，常用于制作仿生机器人中无须耐热性的柔性结构，如弹簧、密封件等，其热塑性特性可以通过加热重新塑形；弹性聚氨酯是一种弹性体材料，具有出色的耐磨性和耐油性，经常用于制作仿生机器人中耐磨的柔性零件，如经常运动的水翼、裙边肉质鳍等；硅胶具有优异的柔软性、耐高温性和耐化学性，常用于制作仿生机器人中需要耐高温和耐化学腐蚀的柔性零件，如密封圈、连接件等。

图 4-17　柔性树脂材料打印的样件模型

在仿生机器人的设计中，快速原型制作是迭代设计过程中的关键，如图 4-18 所示。3D 打印技术可以迅速制作出物理模型，供设计师和工程师进行测试和验证，加速设计优化的过

程。高度定制化、高效制作、创新可能性以及快速原型制作等方面的优势，为仿生机器人的
发展提供了强大的支持和推动力。

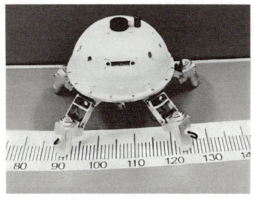

图 4-18　3D 打印制作的仿生机器人

4.2　仿生机器人 3D 打印实例

3D 打印介绍

　　这里以仿生海龟机器人的后部脚蹼为例，简要介绍 3D 打
印仿生机器人零件的流程。

　　如图 4-19 所示，首先在建模软件 SOLIDWORKS 中打开需要打印的模型，将模型另存为
.STL 文件格式，并选择保存到合适的路径。

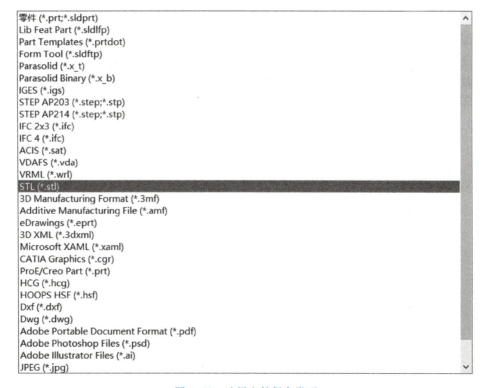

图 4-19　选择文件保存类型

　　将保存的 STL 格式文件导入 3D 打印的切片软件中，如 Cura、Simplify3D、Bambu Studio 等。这里以 Bambu Studio 为例，将 STL 格式文件导入切片软件，如图 4-20 所示。软件界面中间部分显示模型视图，上侧为软件操作快捷工具，左侧为设置参数区域并显示打印板类型，右下侧显示模型信息。

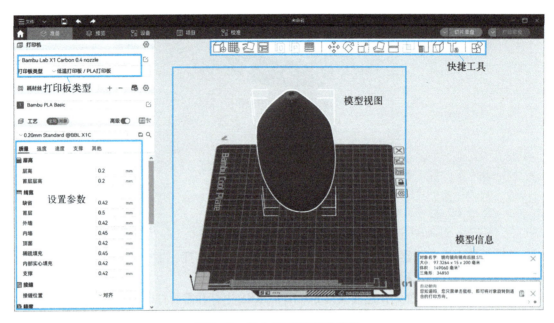

图 4-20　导入 3D 打印切片软件

　　如图 4-21 所示，在设置参数区域，可以调整打印层高、稀疏填充密度、打印速度和悬垂部分支撑等参数。后部脚蹼的打印要求是表面光滑无毛刺、重量轻、结构强度要求不高，所以参数设置为层高 0.15~0.2 mm 以保证表面光滑，稀疏填充密度 15%~20% 以使重量较轻，打印速度默认即可，开启支撑为树状支撑。

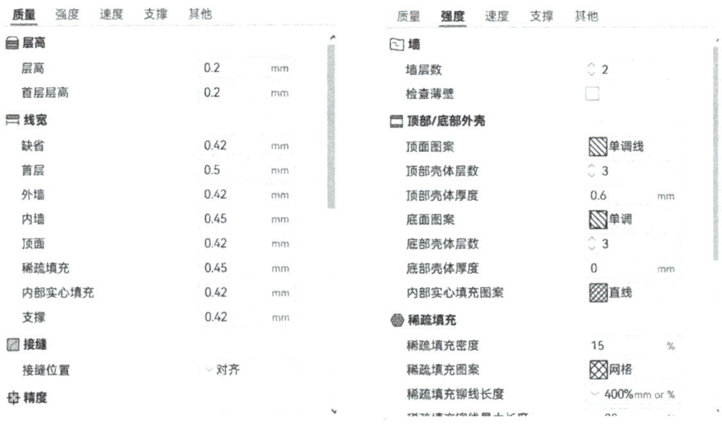

a)　　　　　　　　　b)

图 4-21　切片软件设置参数

c)　　　　　　　　　　　　　　　d)

图 4-21　切片软件设置参数（续）

如图 4-22 所示，参数设置完成后，将模型摆放到合适的位置，使打印过程较稳固且支撑较少，对模型进行切片处理。

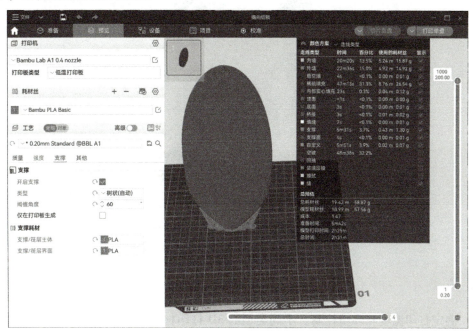

图 4-22　切片完成后进行预览

完成切片后再次检查是否有其他错误或遗漏，没有问题后通过切片软件导出 G-code 文件，导入 3D 打印机后即可开始打印。

打印完成后，需要经过打磨、抛光处理，最后实物效果如图 4-23 所示。3D 打印零件常用 PLA、ABS 材料，可以与塑料焊接枪结合，使打印的材料更加牢固地结合在一起，如图 4-24 所示。

3D 打印需要注意以下几个问题。

1）选择适合的 3D 打印材料。不同的 3D 打印项目可能涉及不同的材料选择。通常，3D

打印材料主要分为金属和非金属两大类。在打印开始之前需要通过零件应用位置及场景确定合适的打印材料与打印机器并及时完成更换。

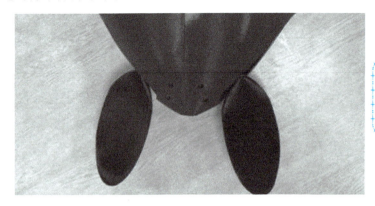

海龟机器人介绍及运动

图 4-23　最后实物效果

图 4-24　安装好的整体海龟

2）确定打印温度和环境控制。不同类型的 3D 打印材料需要在特定的温度范围内进行打印。温度过高或过低都可能导致打印制品的质量下降或打印失败。还有一些 3D 打印材料对环境温度和湿度比较敏感。例如，某些材料在高温高湿的环境下容易吸湿变形，而在低温低湿的环境下则可能变脆易碎。对于某些需要高温打印的材料，可能需要额外的冷却系统来防止打印制品过热或变形。这些冷却系统通常通过向打印区域喷射冷气或使用风扇来降低温度，并在必要时对打印制品进行冷却。所以打印过程中控制好打印温度及打印环境是非常有必要的。

3）打印前确定零件强度。在打印开始前需要确定待打印项目是否满足应用环境的强度要求，防止后续使用过程或迭代过程中产生强度问题。

4）注意打印方向。3D 打印机在制作模型时，所选择的打印方向将直接影响最终表面质量。为了取得最佳效果，打印方向的选择应当根据零件的最终用途进行谨慎考虑。在某些情况下，模型可能会受到所谓的"阶梯效应"影响，导致在不同的打印方向上，X、Y、Z 三轴的强度特性产生差异。因此，合理选择打印方向对于实现所需的最佳表面质量和零件强度是至关重要的。

5）确定支撑结构的设计。支撑结构的设计旨在确保在打印过程中，悬空部分能够得到足够的支撑，以防止其在打印过程中出现变形、塌陷或断裂等问题。所以在设计支撑结构时需要考虑很多方面需求。首先，需要分析打印对象的几何形状和结构，确定悬空或悬臂结构的部分，对其进行额外的支撑来确保打印过程中的稳定性。其次，需要根据打印对象的形状和材料特性，选择合适的支撑类型。常见的支撑类型包括直线支撑、网状支撑、螺旋支撑等。不同的支撑类型适用于不同类型的几何形状和打印要求。再次，需要根据打印对象的要求和材料特性来确定适当的支撑密度，支撑密度越高，支撑结构越坚固，但同时也会增加支撑材料的使用量和打印时间。最后，需要在支撑结构设计时考虑到支撑结构去除的便捷性。支撑结构应该设计成容易去除并且不会对打印对象表面造成损伤。有时可以采用可溶性支撑材料，以便后续在特定液体中溶解支撑结构，从而更轻松地将其去除。

6）确定打印密度。打印密度的确定是打印过程中的重要一环。打印密度需要通过打印对象的最终用途决定。有些模型仅起到展示作用并不需要满足大的强度需要，所以打印密度可以减少到 15% 左右，甚至中间可以进行"挖空"处理；有些模型需要承受较小应力的同时保证重量较轻，可以选择 50% 左右的打印密度；有些模型需要承受较大应力，在打印密度选到 100% 的同时还可以通过判断应力方向来调整打印方向以提高承受应力的能力。

7）进行实时监控与调整。在整个打印过程中，需要不断监控打印状态，包括打印速度、喷嘴温度、材料供给以及打印制品的表面质量、层间黏合情况、尺寸精度等。这样可以及时发现打印过程中可能出现的问题，并采取相应的措施加以调整。

8）注意打印过程中存在的安全问题。安全问题主要以材料安全和设备安全两方面为主。材料安全方面，一些 3D 打印材料可能会产生有害气体或粉尘，因此需要在通风良好的环境中进行操作，以避免对操作人员的健康产生影响。此外，操作人员需要了解所使用材料的安全信息，并采取相应的防护措施。设备安全方面，3D 打印设备通常会涉及高温和机械运动，因此需要谨慎操作，以避免发生意外事故。操作人员需要熟悉设备的使用方法和安全规程，并严格遵守相关的操作指南。

第 4 章习题

习题 4.1

请对未来 3D 打印材料的开发与发展趋势进行预测，并简要写出自己的看法。

习题 4.2

请将第 3 章习题中创建的三维模型转化成 STL 文件格式并导入切片软件内进行切片。将切片软件中参数调整的详细过程以图片形式展现出来（如果有条件可以将自己设计的机构通过 3D 打印机打印出来，并对实物进行相应的后处理与安装）。

第5章　仿生机器人控制系统

仿生机器人在完成设计、建模、仿真优化和制作装配工作后，形成了仿生机器人物理实体，但还需要通过设计制作相应的控制系统来控制其运动机构完成既定的目标运动，才能最终形成我们需要的具有"生命力"的仿生机器人。仿生机器人控制系统包括硬件和软件两大主要部分。硬件部分主要包括机器人的主控芯片、功能模块、传感器以及能够保障它们正常运行的外围电路、驱动电路、电源电路、人机接口电路和电缆连线等；软件部分则主要包括向机器人控制器内烧录运行的程序代码和向机器人发送控制指令的上位机程序。控制系统通过传感器获取机器人和环境的状态信息，随后通过控制算法进行处理，生成对应的控制命令。这些命令最终由执行器施加于仿生机器人，使其顺利实现预定的运动和操作。

5.1　仿生机器人控制系统基础

5.1.1　机器人控制器

机器人控制器是整个电气控制系统的核心，有时也被称为控制系统主机。它主要实现机器人的各种运动控制、数据处理、通信以及显示等功能。控制器能够根据编程指令以及从传感器接收到的反馈信息进行处理，调节机器人各个执行器的驱动参数，实现运动状态控制等功能。机器人控制器主要包含 PLC（可编程逻辑控制器）、单片机/DSP（数字信号处理）控制器、CPLD/FPGA（复杂可编程逻辑器件/现场可编程门阵列）控制器、嵌入式 SoC（片上系统）控制器、计算机主机 CPU 控制器等。

1）PLC　PLC 是一种专门为工业环境设计的数字运算电子系统。它采用可编程的存储器，用于其内部存储程序，执行逻辑运算、顺序控制、定时、计数与算术操作等面向用户的指令，并通过数字或模拟式输入/输出控制各种类型的机械或生产过程。PLC 通常用于实现较低级别的控制任务，具有稳定性、抗扰性和易用性等特点，广泛应用于工业机器人中以控制机器人的运动和逻辑运算。

2）单片机/DSP（数字信号处理）控制器。单片机是一种集成电路芯片，其采用超大规模集成电路技术把具有数据处理能力的中央处理器（CPU）、随机存储器（RAM）、只读存储器（ROM）、多种 I/O 接口和中断系统、定时器/计数器等功能集成到一块硅片上，构成一个小而完善的微型计算机系统。单片机控制器具有成本低、体积小、可靠性高等优点，因此在实现一些简单功能和需求的机器人中广泛使用。常见的单片机控制器包括 51 单片机、意法半导体（STMicroelectronics）的 STM32 单片机、Atmel 公司的 AVR 单片机和 Microchip 公司的 PIC 单片机。DSP 控制器是一种特殊的微处理器，其具有强大的数字信号处理能力。

DSP 控制器被专门设计和优化，以快速执行各种数字信号处理算法，如滤波、变换（如傅里叶变换）、数字信号的压缩和解压缩、调制和解调等，内部采用特殊的硬件架构，如乘法累加器（MAC）单元、哈佛架构（独立的程序和数据总线）等，以加速数字信号处理算法的执行，相比单片机拥有更强大的计算和数据实时处理能力。

3）CPLD/FPGA 控制器。CPLD（Complex Programmable Logic Device）是一种复杂可编程逻辑器件，其采用乘积项结构方式构成逻辑行为。CPLD 通常用于实现中小规模的逻辑功能，如数字信号处理、接口电路、数据转换等。在机器人控制器中，CPLD 可以用于实现一些特定的逻辑控制功能，如 I/O 接口控制、电动机驱动控制等。FPGA（Field Programmable Gate Array）则是一种高度灵活的可编程逻辑器件，其内部由大量的可编程逻辑块和可编程互联线路组成。FPGA 通过查表法结构方式构成逻辑行为，可以实现各种复杂的数字电路功能，如数字信号处理、图像处理、网络接口等。在机器人控制器中，FPGA 可以用于实现高性能的计算和控制任务，如运动控制算法、图像处理算法等。CPLD/FPGA 控制器多用于要求高性能、高运算能力和高实时性的任务环境，主要的生产厂家有 Altera 和 Xilinx。

4）嵌入式 SoC（System on a Chip）控制器。嵌入式 SoC 控制器是一种高度集成的解决方案，它将多个功能模块（如处理器、内存、传感器接口、通信接口等）集成到一个芯片上，能够针对特定应用和功能需求裁剪通用计算机中不需要使用的组件，从而减少了系统复杂性、尺寸和功耗。针对机器人应用进行专门的优化，包括处理器架构、内存管理和功耗控制等，以提高机器人的运行效率和响应速度；通常设计为模块化结构，可以通过添加或删除功能模块来适应不同的机器人应用需求，从而实现系统的可扩展性；通常具有较低的功耗，适用于长时间运行的机器人系统；具有实时处理能力，可以及时处理传感器的输入和执行器的输出，确保机器人系统的稳定运行；SoC 设计通常包括安全特性，如加密和身份验证等，以保护机器人系统的安全。在机器人应用中，SoC 控制器可以用于实现各种功能，如运动控制、环境感知、目标识别、导航定位、人机交互等。通过与其他硬件和软件的协同工作，SoC 控制器可以实现高效、稳定、智能的机器人控制。

5）计算机主机 CPU 控制器。对于一些复杂的工业机器人，其对体积没有严格限制，需要使用更强大的控制器来完成复杂的控制任务。这时，计算机主机 CPU 控制器就成为一个不错的选择。它具有高速的处理能力和灵活的编程能力，可以实现各种复杂的控制算法，以满足机器人高速、高精度的运动控制需求。

5.1.2　机器人执行器

机器人执行器是机器人技术中至关重要的组成部分。它是机器人的"肌肉"，将电能、气压或液压能等能源转换为机械能，从而驱动机器人进行运动。它主要分为电动执行器、气动执行器和液压执行器等。电动执行器通常使用电动机来驱动机器人的关节或轮子。它具有较高的精度和速度控制能力，在各种工业机器人和服务机器人中广泛使用。气动执行器是利用压缩空气来驱动机器人的运动。由于气动系统具有结构简单、成本低、维护方便等优点，因此它广泛应用于一些特定的应用场合，如物流搬运机器人、装配机器人等。液压执行器则使用液体压力来驱动机器人的运动。液压执行器具有较高的功率密度和较强的抗冲击能力，因此通常用于需要承受较大负载和冲击力的机器人中，如重型工业机器人、挖掘机等。除了上述几种常见的执行器类型外，还有一些特殊的执行器，如形状记忆合金执行器、压电执行器等。这些执行器具有独特的驱动原理和优点，因此在某些特种场合中发挥重要作用。本章主要介绍电动执行器及其控制器。

电动执行器使用电动机驱动机器人具体的末端执行机械结构。电动机根据电源不同分为直流电动机和交流电动机；根据结构有无电刷分为有刷电动机和无刷电动机；根据使用用途分为驱动用电动机和控制用电动机，驱动用电动机主要用于提供动力，控制用电动机的主要作用是实现动作和各种控制功能，常见有步进电动机和伺服电动机。

最常见的电动机是直流有刷电动机，通入直流电即可以旋转，通过调节驱动电压可改变转速和转矩。不要求调节转速时，可通过继电器或 MOS 管进行电动机通断电控制来改变运动状态。要求换向时可采用 H 桥电路，电动机两端分别通过两个继电器或 MOS 管连接到地和驱动电源，改变电动机两侧的电平可以实现电动机正反转调节，如图 5-1 所示。

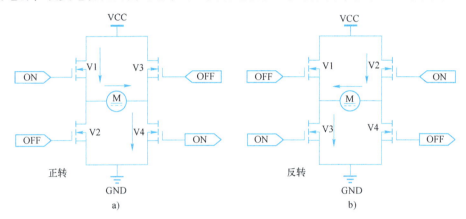

图 5-1　H 桥电路

进一步要求调节转速时，可以通过 PWM（脉冲宽度调制）向继电器或 MOS 管信号控制脚施加一定占空比的周期方波信号，使电动机工作在全速转动和停机之间某一比例的状态，即实现调速功能，也可以直接调节模拟驱动电压来控制速度。对于较低功耗场合，可以使用集成电路驱动 IC 进行控制，如双直流电动机驱动模块 RZ7899。RZ7899 支持 3~25 V 电源电压输入和最大 3 A 驱动电流。可以将两个输出脚连接电动机两端，组成 H 桥驱动电路控制电动机正反转，发送 PWM 信号进行电动机调速；也可以将两个输出脚分别连一个电动机，两电动机另一端接地，实现两路单向转动调速。当功率要求较高时，可以自行选用大电流和耐高压的 MOS 管或继电器组建桥路，使用单片机或其他控制器控制信号引脚，或在控制器和电动机 MOS 管信号线之间再加专用的驱动芯片 IC，辅助控制和隔离。

直流有刷电动机的主要缺点是电刷和换向器的滑动接触会造成机械磨损和火花，使直流电动机的效率降低、可靠性降低、寿命缩短、噪声变大、保养维护工作量变大，同时换向火花也是一个无线电干扰源，会对周围的无线电接收设备造成干扰。无刷电动机相比于有刷电动机，采用了电子换向器取代了传统的机械换向器，减少了机械摩擦和能量损耗，提高了效率并且延长了寿命。电子换向器配合智能的控制算法，也使得无刷电动机具有更好的动态响应和调速性能。

无刷电动机一个常见的控制方法是使用电子调速器（ESC，简称电调）控制，使用时其输入线通常与电池连接，为电调提供直流电源，电调的输出线（有刷电调有两根输出线，无刷电调有三根输出线）则与电动机连接，通过控制输出线的电流和电压来调节电动机的转速。电调的信号线与控制器控制引脚相连，一般通过周期为 20 ms、正脉宽 1~2 ms 的 PWM 信号进行控制，实现对无刷电动机的速度调节。这类无刷电动机及电调一般工作在高速轻载环境，常在各类航模的制作中使用。

在一些低速控制场合，如关节处使用的无刷电动机，通常使用磁场定向控制（Field-Oriented Control，FOC）方法进行控制，这是目前无刷电动机高效控制的最优方法之一。FOC 旨在通过精确地控制磁场大小与方向，使得电动机的运动转矩平稳、噪声小、效率高，并且具有高速的动态响应。FOC 控制框图如图 5-2 所示。

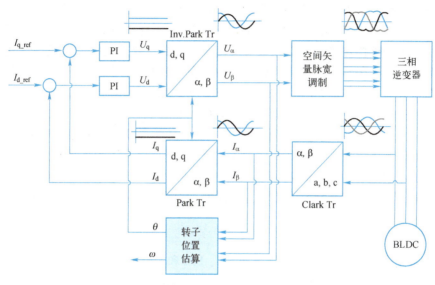

图 5-2　FOC 控制框图

控制器首先通过电流采样电路读取三个相位的电流 I_a、I_b、I_c，经过 Clark 变换转变为直角坐标系下的 I_α、I_β，再根据编码器获取的当前电动机角度信息，进行 Park 变换，将坐标系转换到旋转的动子上，得到励磁电流 I_d 和代表期望转矩输出的 I_q；将 I_d、I_q 输入多级 PID 控制器中，得到设定的电压矢量 U_d、U_q，经过 Park 反变换为 U_α、U_β，输入给具体的 MOS 管搭建的驱动器，实现电流、位置、速度三环控制。

最常见的伺服电动机是舵机，共有三根输入线，包括两根电源线和一根 PWM 信号线。舵机根据信号线输入的 20 ms 周期的 PWM 方波正脉宽调节输出角度，也可调节输出速度，由于其控制简单，在机器人制作中也广泛使用。上文提及的 FOC 无刷电动机也是一种典型的伺服电动机，可以非常准确地控制电动机的速度、位置精度。它可以将电压信号转化为转矩和转速，从而驱动并控制对象。伺服电动机转子转速受输入信号控制，并能快速反应，在自动控制系统中用作执行元件，且具有机电时间常数小、线性度高、始动电压低等特性，可把所收到的电信号转换成电动机轴上的角位移或角速度输出。

步进电动机没有换相电刷，因此也可以看作一种无刷电动机。步进电动机以步阶方式分段移动，采用直接控制方式，其主要指令和控制变量为步进位置，以开环模式运行，由单脉冲电压直接驱动，通过控制添加到电动机的脉冲数，可以精确定位旋转角度，实现位置和速度控制。步进电动机在 3D 打印机中经常使用。常见的步进电动机驱动器模块有 A4988、

TMC2209 等。这些模块通常用三个引脚作为步长细分选择位，设置单脉冲运转的步长大小；有逻辑电源、动力电源和地三个电源引脚，方向控制和脉冲驱动两个控制引脚，四个步进电动机输出引脚，以及复位和使能引脚等。

5.1.3　机器人传感器

机器人传感器是一种能够检测机器人周围环境并传递相关信息的装置。它可以提供关于机器人位置、方向、速度、加速度、距离、光线、温度、湿度、压力、磁场等各种各样的信息，辅助机器人控制器进行决策和运动控制，或将某些特定的内容收集起来，发送给上位机实现数据采集功能。常用的位置传感器有微动开关和霍尔磁传感器，主要进行特定或极限位置判断；红外传感器、超声波位移传感器、激光雷达等实现测距功能；水压传感器获取水下深度信息；GPS 定位模块获取地理位置等。速度传感器主要是进行电动机的转速测量，包括光电编码器、磁编码器等，在带反馈的电动机驱动器中经常用到。加速度传感器主要包括各种陀螺仪，比较常见的是 MPU6050、HMC5883 等。角度传感器常见的有地磁计，可以判断航向角；加速度计或陀螺仪来获取俯仰和滚转角数据；一些带有计数器功能或集成控制器的编码器也可以获取角度信息。图像传感器主要包含各类摄像头模块。电流传感器主要采用电阻采样原理和霍尔原理，典型代表是 INA199A、ACS712，直流电动机的驱动电流大小也可以反映出输出转矩的大小。最常用的电压传感器是单片机自带的 ADC 模块；也常加入运算放大器等调理电路，对待测电压信号进行偏置、比例运算等操作后再由 ADC 读取。

5.1.4　机器人通信接口

机器人常用的通信接口/传输总线包括 I^2C、SPI 和 UART 等，广泛应用于微控制器和其他电子设备之间的通信，如 I^2C/SPI 接口的 FLASH 存储设备、传感器模块，串口无线通信模块等。I^2C 总线（Inter IC Bus, IC 之间总线）的特点是简单性和有效性，由于接口直接在组件上，因此 I^2C 总线占用的空间非常小，减少了电路板的空间和芯片引脚的数量，降低了互联成本。I^2C 总线支持多主控（Multimastering），其中任何能够进行发送和接收的设备都可以成为主总线。在 CPU 与被控 IC 之间、IC 与 IC 之间进行双向传送，标准传输速率为 100 kbit/s，快速模式传输速率可以达到 400 kbit/s，还存在高速模式 3.4 Mbit/s 的传输速率。

SPI（Serial Peripheral Interface，串行外设接口）通常由一条时钟信号线 SCK 和三根数据线：MOSI（Master Out Slave In，主设备输出、从设备输入）、MISO（Master In Slave Out，主设备输入、从设备输出）和 SS（Slave Select，片选信号）组成。SPI 通信基于主从模式，主设备控制时钟线（SCK），并同步数据传输，提供 SPI 串行时钟的 SPI 设备为 SPI 主机或主设备（Master），其他设备为 SPI 从机或从设备（Slave），可以实现多个 SPI 设备互相连接。片选信号用于选择要与主设备通信的从设备，在多个从设备系统中，每个从设备都有一个独立的片选线，主设备通过将相应的片选线拉低来选择特定的从设备。在通信期间，被选中的从设备的片选信号保持低电平，其他从设备的片选信号保持高电平。

时钟信号（SCK）由主设备产生，用于同步数据传输，其频率和极性（CPOL）以及相位（CPHA）可以在通信开始前进行配置。如果 CPHA=0，数据在时钟的第一个边沿（上升沿或下降沿）传输；如果 CPHA=1，数据在时钟的第二个边沿传输。时钟信号在数据传输期间保持连续，直到通信结束。

UART（Universal Asynchronous Receiver Transmitter，通用异步收发器）采用异步通信，不需要单独的同步时钟线，数据格式和传输速率灵活，但通常只适用于一对一的双向通信或一对多的单向通信。UART 串口通信时序通常涉及起始位、数据位、校验位和停止位。起始位是一个低电平的信号，用于标识字符传输的开始。在传输之前，数据线（通常是 RX 或 TXD）保持在高电平状态，表示空闲状态。起始位之后，数据线状态开始变化，准备传输数据。数据位是传输的实际信息部分，通常可以是 5 位、6 位、7 位或 8 位，数据从最低有效位（LSB）开始传输，到最高有效位（MSB）结束。校验位用于错误检测，它可以是奇校验、偶校验或无校验。奇校验要求数据位和校验位中 1 的总数为奇数；偶校验要求数据位和校验位中 1 的总数为偶数；无校验则不包含额外的校验位。停止位标识字符传输的结束，停止位可以是 1 位、1.5 位或 2 位，高电平有效，它给接收方提供足够的时间来识别字符的结束，并准备接收下一个字符的起始位。在串口通信中，发送方和接收方需要预先约定好通信参数，包括数据位长度、校验方式、停止位长度以及波特率。

5.1.5 机器人人机接口

机器人人机接口是人与机器人之间建立联系、交换信息的媒介，通常包括输入设备和输出设备。输入设备用于将人类操作者的指令或数据输入机器人控制系统中，常见的输入设备包括键盘、鼠标、触摸屏、操纵杆等。这些设备可以将人类操作者的意图转化为机器人能够理解的指令，从而实现对机器人的控制。输出设备则用于将机器人的状态信息或执行结果反馈给人类操作者，常见的输出设备包括显示屏、指示灯、蜂鸣器等。通过这些设备，人类操作者可以了解机器人的当前状态、执行情况以及是否存在故障等信息，从而做出相应的决策或调整。

机器人的控制系统还包括电缆和连线，其将机器人控制器、执行器、传感器等各个部件连为一体，传输各种信号和向设备供给电源，保证整个电控系统的正常运行。

5.2 仿生机器人控制系统设计与制作

机器人的控制系统设计，首先需要明确功能需求，设计和选择能够满足这些功能环节的驱动电路和传感器的硬件实现方案；再依据机器人的控制性能需求、硬件方案需要的引脚、通信接口数量等因素来确定机器人需要使用的控制器；然后一方面进行完整硬件电路的设计、打板、焊接、连线等操作，另一方面配置各个部分控制器对应的开发环境，创建工程项目文件，进行程序设计和代码编写；最后将程序代码编译、烧录到搭建的硬件电路中，进行完整功能调试。软件部分以 STM32 和 ESP32 控制器为例，介绍基于 Keil MDK5 和 VScode 的软件开发环境搭建和使用；硬件部分则基于 Altium Designer 19 软件，介绍一块具体 PCB 电路板的完整设计和制作流程。

5.2.1 基于 Keil MDK5 软件的 STM32 开发环境搭建

在对性能和数据处理能力需求不高时，通常可采用单片机进行控制，接下来以 STM32F103C8T6 型号单片机为例，介绍 STM32 单片机开发环境的搭建。STM32 单片机拥有包括 FSMC、TIMER、SPI、IIC、USB、CAN、IIS、SDIO、ADC、DAC、RTC、DMA 等众多外设及功能，具有极高的集成度，其包含多种型号系列，涵盖各种应用场景，可满足各种性能、成本和功耗的需求。STM32 的开发不需要昂贵的仿真器，只需要一个串口即可下载代码，并且支持 SWD 和 JTAG 两种调试口，SWD 调试只需要 SWDIO 和 SWCLK 两个 I/O 接口，即可实现仿真调试，开发成本低廉。

STM32 单片机开发方式主要包含三种，分别是基于直接操作寄存器的开发方式、标准库函数开发方式和 HAL 库函数开发方式。这里介绍基于 Keil μVision5（MDK5）软件进行 STM32 标准库开发环境的搭建。

1. 软件安装和基本配置

从 Keil 的官方网站（www. keil. com）或其他资源网站下载 Keil μVision5（MDK5）软件安装包，跟随安装指引进行操作，同时下载安装使用芯片版本对应的支持包文件 Keil. STM32FXxx_DFP. x. x. x. pack。

试用版本的 MDK 软件只能编译 32 KB 大小以内程序，否则会提示报错。非学习研究用途需要咨询 ARM 官方获取相关许可证；学习研究用途使用 MDK，可在搜索引擎中寻找注册的渠道。

2. 创建工程模板

工程模板是一个预先配置好的项目结构，用于简化 STM32 微控制器的软件开发过程。通过使用工程模板，开发人员可以快速创建和配置新的 STM32 项目，避免重复设置和配置相同的文件和文件夹。

这里借鉴正点原子的工程文件框架，以便后续可以更方便地借用其资料下载中心开源的例程文件模块驱动代码。首先创建一个专门存放 stm32 工程项目的文件夹，在文件夹中再新建一个 base 文件夹存放即将创建的工程模板。base 文件夹中新建 USER 文件夹，用以存放项目代码文件；另外再新建 CORE、OBJ、STM32F10x_FWLib 三个文件夹，分别用以存放核心文件和启动文件、编译过程文件、官方库函数文件，如图 5-3 所示。

名称

📁 CORE

📁 OBJ

📁 STM32F10x_FWLib

📁 USER

图 5-3　创建文件夹

打开 Keil 软件，单击"Project"→"New μVision Project"，选择刚刚创建的 USER 文件夹，项目文件名输入"base"，单击"保存"按钮。选择芯片型号 STM32F103C8，单击"OK"按钮，如图 5-4 所示。

在弹出的窗口中可以自己添加需要的组件，此处选择跳过，单击"Cancel"按钮。下载官方的 STM32 固件库（STM32F10x 标准外设库）V3. 5 版本的文件，解压后首先将 Libraries \STM32F10x_StdPeriph_Driver 目录内的 src、inc 文件夹复制到最开始建立的 STM32F10x_FWLib 文件夹内。这两个文件夹中包含固件库包的源码文件，src 文件夹存放 . c 文件，inc 文件夹存放 . h 文件。

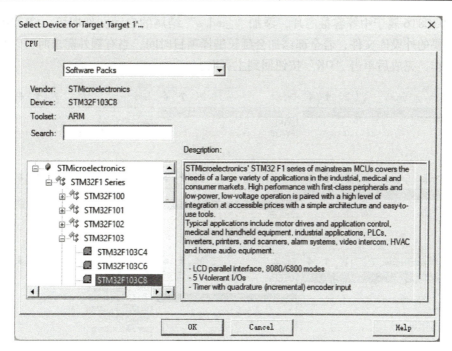

图 5-4　选择芯片型号

将 Libraries\CMSIS\CM3\CoreSupport 目录内 core_cm3. c 和 core_cm3. h 文件，Libraries\ CMSIS\CM3\DeviceSupport\ST\STM32F10x\startup\arm 目录内 startup_stm32f1 0x_hd. s、 startup_stm32f10x_md. s、startup_stm32f10x_ld. s 文件复制到 CORE 文件夹内。

最后将 Libraries\CMSIS\CM3\DeviceSupport\ST\STM32F10x 目录内 stm32f10x. h、system_ stm32f10x. c、system_stm32f10x. h 三个文件，Project\STM32F10x_StdPeriph_Temp -late 目录 内 main. c、stm32f10x_conf. h、stm32f10x_it. c、stm32f10x_it. h 四个文件复制到 USER 目 录内。

还需要将这些复制的固件库文件添加到 Keil 工程中，切换到 Keil 的界面，单击图 5-5 所示按钮打开项目文件管理器。

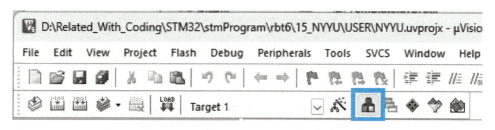

图 5-5　打开项目文件管理器

将 Group 中默认创建的 Source Group 1 项删除，添加 USER、CORE、FWLIB 三项，并在 右侧 Files 中添加对应的刚刚复制的固件库文件，效果如图 5-6 所示。

有几点注意事项，CORE 中 . s 文件默认看不到，需要在文件类型中选择全部文件才可 以看到并选中这些文件，并且当时复制了 startup_stm32f10x_hd. s、startup_stm32f10x_md. s、 startup_stm32f10x_ld. s 三个启动文件，对应不同存储容量的单片机芯片，此处使用的

STM32F103C8T6 属于中等容量芯片，添加"_md.s"结尾的启动文件即可。FWLIB 中可以只添加需要的外设库文件，若全部添加会延长编译项目时间，当有额外需求时可以临时再进行增添操作，完成后单击"OK"按钮回到主页面。

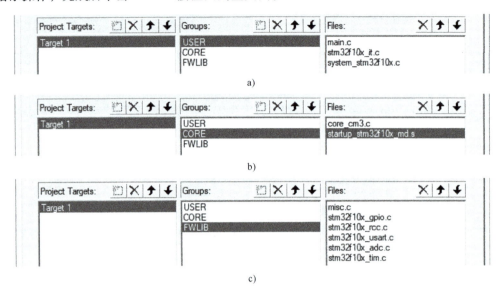

图 5-6　固件库文件添加

3. 编译操作

单击"魔术棒"按钮进行项目选项配置，单击 Output 选项卡中第一个按钮，更改项目输出文件夹为先前创建的 OBJ 文件夹，如图 5-7 所示。

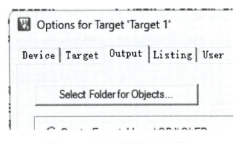

图 5-7　更改项目输出文件夹

再单击 C/C++选项卡，在 Define 文本框中添加宏定义 USE_STDPERIPH_DRIVER 和与先前添加的.s 启动文件对应的宏定义 STM32F10X_MD，单击 Include Paths 文本框右侧小省略号按钮，添加.h 头文件目录，方便 MDK 软件进行文件的检索和调用，如图 5-8 所示。

完成后单击"OK"按钮。这里可以先让单片机执行一个简单的引脚 I/O 输出程序，更改 main.c 文件如下。

```
#include "stm32f10x.h"
int main(void) {
    GPIO_InitTypeDef GPIO_InitStructure;
    RCC_APB2PeriphClockCmd(RCC_APB2Periph_GPIOA, ENABLE);   // 使能 PA 端口时钟
```

```
GPIO_InitStructure. GPIO_Pin = GPIO_Pin_1|GPIO_Pin_2;      // 使用 PA1、PA2 两个引脚
GPIO_InitStructure. GPIO_Mode = GPIO_Mode_Out_PP;          // 设置输出方式为推挽输出
GPIO_InitStructure. GPIO_Speed = GPIO_Speed_50MHz;         // 设置 I/O 接口速度为 50MHz
GPIO_Init( GPIOA , &GPIO_InitStructure);                   // 按上述设置初始化 GPIOA 外设
GPIO_SetBits( GPIOA , GPIO_Pin_1);                         // PA1 引脚输出高电平
GPIO_ResetBits( GPIOA , GPIO_Pin_2);                       // PA2 引脚输出低电平
while(1) {
    //主循环 此处留空
}
}
```

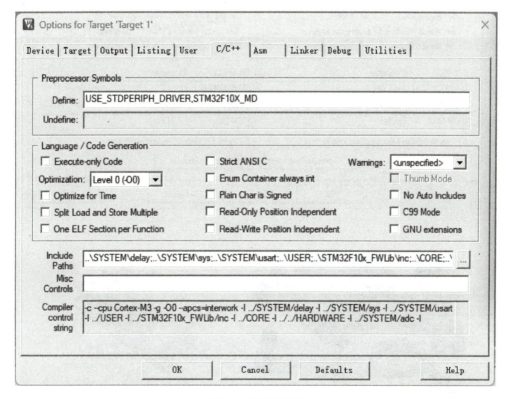

图 5-8 添加宏定义

此处代码功能为开启 GPIOA 外设，设置 PA1、PA2 两个引脚为推挽输出模式，并且设置 PA1 输出高电平、PA2 输出低电平，循环中可以选择执行高低电平切换操作，此处留空。

单击"编译"按钮进行编译，输出提示"..\OBJ\xxx. axf" - 0 Error(s), 0 Warning(s). 没有报错表明编译成功，可以将程序下载到硬件电路板上。

4. 程序下载烧录

选择 ST-Link 方式进行程序烧录，首先单击"魔术棒"按钮，在 Debug 选项卡中选择调试器为 ST-Link Debugger，单击"OK"按钮确认，如图 5-9 所示。

此处示例使用的 ST-Link 下载器和 STM32 单片机开发板如图 5-10 所示。

使用杜邦线将下载器 3V3、GND、SWDIO、SWCLK 四个引脚与开发板上引出的下载端

口对应引脚连接，下载器插入 PC 的 USB 口，安装对应 ST-Link 驱动程序后，单击"下载"按钮🔽，可以将程序烧录到开发板内。

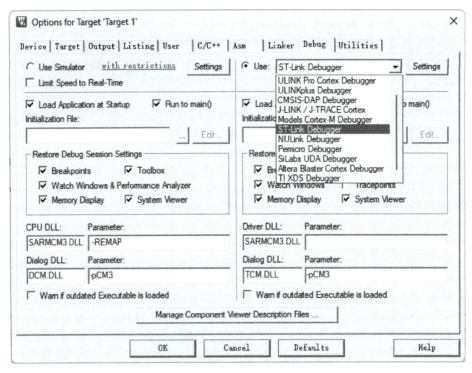

图 5-9　程序烧录

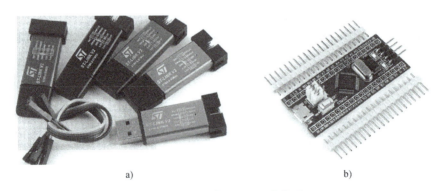

a)　　　　　　　　　　　　　　b)

图 5-10　程序烧录工具实物图
a) ST-Link 下载器　b) STM32 单片机开发板

下载完成后，按下开发板的"复位"按钮，通过万用表电压档或外接 LED 灯珠，可以看到 PA1 和 PA2 引脚成功输出了先前编写程序中设定的电平。

5.2.2　基于 ESP-IDF 框架的 ESP32 开发环境搭建

ESP32 是一款由我国乐鑫信息科技（Espressif Systems）推出的高度集成的 WIFI 和蓝牙双模物联网 SOC 芯片。它集成了双核 32 位处理器，主频高达 240 MHz，相对常规 STM32 单片机具有更加强大的运算能力，可以满足复杂应用需求。ESP32 具备低功耗设计，适用于各种物联网应用场景，也提供了丰富的外设接口和支持高达 16MB 的闪存，并可通过外部 SPI Flash 和 SPI SRAM 进行扩展。由于其高性能、低功耗和功能丰富的特点，ESP32 被广泛应用于物联网、智能家居、智能穿戴设备等领域，尤其是各类低成本联网应用的开发，即便不使用核心的 WIFI 和蓝牙功能，只将其作为高性能单片机使用，也具备极高的性价比。

ESP32 支持多种开发环境和编程语言，如 Arduino、MicroPython 等。基于 Arduino 环境开发的 ESP32 更适合初学者和快速原型开发使用，易于上手，但其较为上层的封装可能会限制一些硬件功能的直接访问和控制。这里介绍基于 ESP-IDF 框架的 ESP32 开发环境。ESP-IDF 是一个更底层的开发框架，支持使用 C/C++等更底层的编程语言，使得开发者能够更深入地理解和控制硬件的行为，进行更高效的开发。ESP-IDF 通过集成 FreeRTOS 嵌入式操作系统，提供了任务调度、同步机制、内存管理等功能，并提供了一个稳定、可靠的运行环境，可以实现多任务并发执行和资源共享。

Visual Studio Code（VSCode）是一款轻量化、免费、开源且功能强大的代码编辑器，支持多种编程语言和文件格式，包括但不限于 JavaScript、TypeScript、Python、PHP、C#、C++、Go 等，并提供智能代码补全、调试工具、版本控制集成等丰富功能。其优雅的界面风格、强大的扩展能力以及跨平台支持使得 VSCode 成为开发者的首选工具，无论是前端、后端还是全栈开发，都能轻松应对。下面将介绍使用 VScode 软件进行 ESP32 的 ESP-IDF 开发环境配置。VScode 软件可以从官网（https://code.visualstudio.com）进行下载安装。开发环境配置步骤如下。

1. 安装和配置 ESP-IDF 插件

打开 VSCode，进入扩展商店（按〈Ctrl+Shift+X〉组合键），搜索"ESP-IDF"，选择对应的插件单击"Install"按钮安装。

选择菜单栏中"查看"→"命令"选项，在命令框中输入"ESP-IDF：Configure ESP-IDF extension"，进行插件的配置。选择 EXPRESS 配置选项，下载源可选择 Espressif，第二个选项选择 ESP-IDF 版本，若先前安装过可以选择 Find ESP-IDF in your system 选项，再配置 ESP-IDF 插件和工具链安装地址，最后单击"Install"按钮等待插件自动安装配置，如图 5-11 所示。

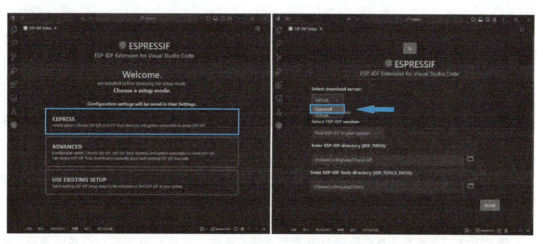

图 5-11　配置 ESP-IDF 插件

进入如图 5-12 所示界面后表明配置完成。

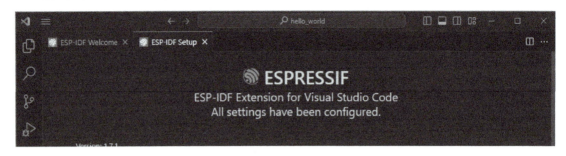

图 5-12　配置完成界面

2. 调用官方例程，创建工程文件

选择菜单栏中"查看"→"命令"选项，在命令框中输入"ESP-IDF：Show Examples Projects"，选择 ESP-IDF 版本后进入例程浏览界面。

界面分为左右两栏，左侧为例程目录，根据功能、外设等分为多个组，每组内有若干个例程，选择后右侧会显示对应例程的说明文档。单击右上角蓝色按钮，如图 5-13 所示，可以根据选择的例程克隆出一个工程文件。进入工程文件夹选择界面，选择合适位置创建工程文件夹，单击"工程文件夹"后，会自动跳转到创建的工程项目。此处以 hello_world 例程为例进行介绍。

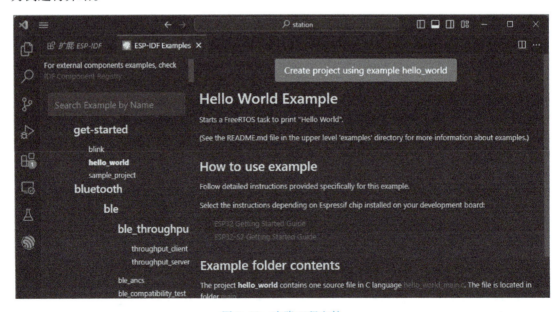

图 5-13　克隆工程文件

单击左侧资源管理器中 main 文件夹，可以看到 hello_world_main.c 文件，单击打开，如图 5-14 所示。若先前未安装 C/C++插件，可以根据右下角 VScode 软件提示进行安装。

3. 程序的编译、烧录和运行程序串口监视器

将 ESP32 开发板与计算机使用 USB 数据线进行连接，安装 USB 转串口设备驱动后，单击下方"COM1"按钮，在上方命令面板处选择开发板对应的串行端口号；旁边"esp32"

按钮可以更改使用的开发板驱动对象，右侧其余按钮功能依次是工程文件选择、SDK 设置、清空编译文件、编译、下载方式选择、烧录、串口监视器、编译烧录串口监视一体，如图 5-15 所示。单击"下载方式选择"按钮，选择 UART 即串口下载方式。

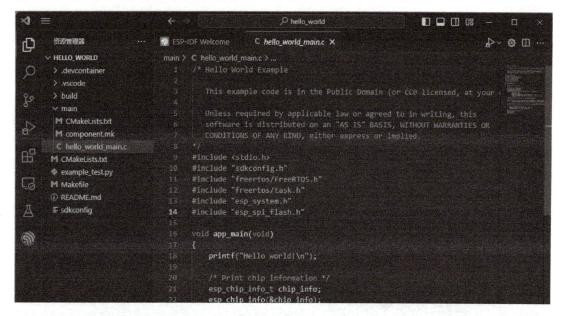

图 5-14　打开 hello_world_main. c 文件

图 5-15　按钮介绍

　　单击"编译"按钮，等待编译完成。第一次编译项目较多，时间较长，再次编译用时就会缩短很多。

　　软件提示 Build Successfully，终端显示编译文件大小后，编译成功完成，如图 5-16 所示。单击"烧录"按钮将程序烧录进开发板中。若烧录不成功，可以再次单击"烧录"按钮，并按下开发板上"BOOT0"按钮进行尝试。

　　烧录完成后单击"串口监视器"按钮进入串口监视器终端，可以看到开发板启动后首先输出了启动信息，然后打印了"Hello world!"字段，并提示 10 s 后重启，如图 5-17 所示。后面可以根据自身需求选择对应的例程，在例程的基础上进行修改，或融合多个例程代码来实现更加复杂的功能，以满足实际项目的需要。

5. 2. 3　基于 Altium Designer 19 的 PCB 设计制作方法

　　面对较为简单的功能需求，可以直接购买市面上的控制器开发板和各个功能模块，直接连线拼接成机器人的硬件控制电路，而对于需求较为复杂、空间受限的场合，通常需要设计一块 PCB 电路板，将电路各个模块集成起来。相比于模块拼接，印制电路板使用的连线更少，电气连接也更加稳定。

图 5-16　编译成功完成界面

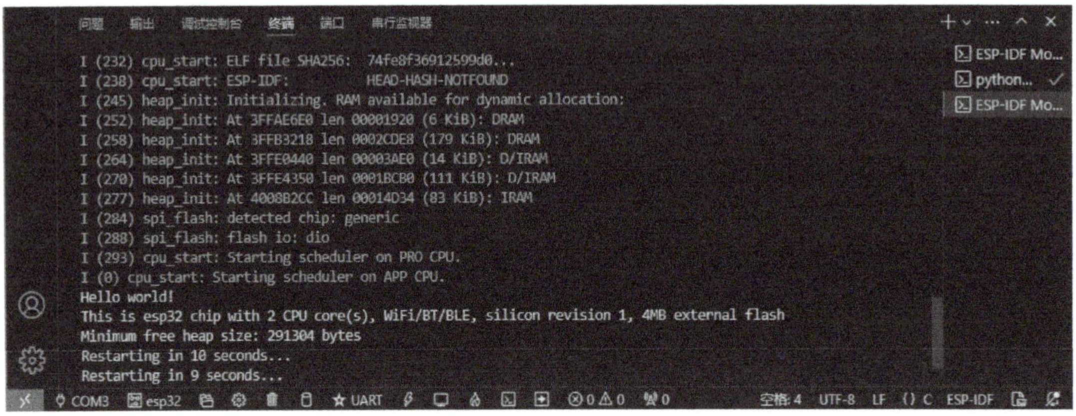

图 5-17　开发板启动界面

　　PCB 设计基本流程是，首先进行方案分析，选择合适的元器件，运行电路仿真验证功能可行性；然后添加对应元器件的原理图库，绘制电路原理图，添加对应的元件封装库；随后进行 PCB 图的绘制，包括元件布局布线、滴泪、铺铜、添加缝合孔等操作，经过 DRC 电气规则检查等确认无误后，输出打板文件，发送给 PCB 厂商进行生产。

　　Altium Designer 是一款典型的 PCB 设计软件，功能全面，集成了原理图设计、电路仿真、PCB 绘制编辑、自动布线、信号完整性分析等多项技术，为工程师提供了一站式的解决方案。相比于其他 EDA 工具，Altium Designer 拥有更高的布线成功率和准确率，并全面支持 FPGA 设计技术，使得板级和 FPGA 系统设计、嵌入式软件开发以及 PCB 版图设计等多个领域都能在同一个设计环境中轻松实现。此外，它还提供了 3D 模型集成、版本控制、高速信号仿真和 BOM 生成等实用功能，大幅提高了电路设计的效率和质量。

　　此处介绍 Altium Designer 19 版本的软件基本使用方法，以结构较为简单的 AMS1117-

3V3 LDO 线性稳压器电路为例，讲述硬件 PCB 电路板设计的主要流程。

1. 电路原理简介

AMS1117-3V3 是一款正向低压降稳压器，属于 AMS1117 系列的三端稳压器，最大输出电流为 1 A，输出电压精度高达 ±2%，稳定工作电压范围高达 12 V，电压线性度为 0.2%。其工作原理是通过对输出电压进行采样反馈，在调节电路中调节输出级调整管的阻抗。当输出电压偏低时，调节输出级的阻抗变小，从而减小调整管的电压降；当输出电压偏高时，调节输出级的阻抗变大，从而增大调整管的电压降，以维持输出电压的稳定。

AMS1117-3V3 芯片引脚和连线如图 5-18 所示：共有四个外接引脚，其中上下两个输出脚互相连通，相当于只有三个引脚。输入脚接 5 V 电源和地，输出脚就输出 3.3 V电平，可以给后续单片机或传感器芯片供电。为了保证输出电压的稳定，习惯在 5 V 输入、3.3 V 输出与地之间加上 10 μF 和 100 nF 电容。

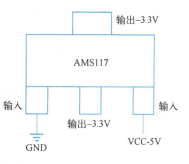

图 5-18　AMS1117-3V3 芯片引脚和连线

2. PCB 工程创建

打开 Altium Designer 19 软件，选择"文件"→"新的"→"项目"→"PCB 工程"选项，可以右击左侧生成的项目，选择"保存工程为"选项，对工程进行重命名。然后继续右击左侧工程项目，选择"添加新的…到工程"选项，依次添加 Schematic 原理图文件、PCB 文件、Schematic Liberty 原理图库文件、PCB Liberty 封装库文件。也可以依次右击创建的这四个文件，选择"另存为"选项，根据项目名称将其重命名保存，效果如图 5-19 所示。

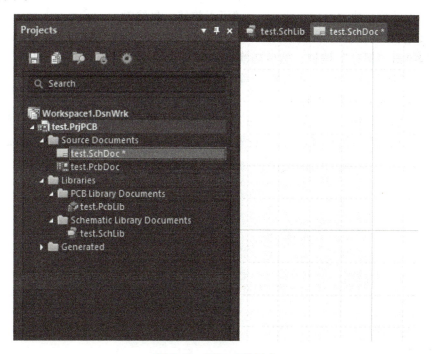

图 5-19　PCB 工程创建

3. 原理图库和封装库文件创建

大多数的元件可以在资源网站、论坛等找到他人分享的原理图库和封装库文件，可以直接打开这些库文件，选中需要的元件，将其复制到先前创建的库文件内，导入工程项目中，避免重复劳动。对于一些找不到原理图库和封装库的元件，也可以自己去创建它们的原理图库和封装库。

打开先前创建的 SchLib 文件，可以看到左侧有一个 Component_1 的空文件，单击下方"编辑"按钮，在右侧 Design Item ID 文本框中将其重命名为 AMS1117_3V3，Designator 设置为"U?"，这样后续在原理图中添加，会根据添加元件顺序自动标号为 U1、U2 等。在 Description 文本框中可以输入"稳压芯片"或一些其他信息，如图 5-20 所示。

图 5-20   文件编辑

在中间的编辑器内，可以右击上方工具栏中的"线"按钮，选择"矩形"选项，在编辑器中创建一个方框。然后添加四个引脚，单击"引脚"可以在右侧更改属性，放置时按〈Space〉键可以旋转，最终效果如图 5-21 所示。

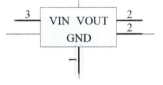

图 5-21   最终效果

可以先单击"保存"按钮，然后切换到 PcbLib 封装库文件，可以将左侧生成的空文件直接删除。AMS1117 为标准 SOT-223 封装，可以选择"工具"→"元器件向导"选项，选择与之类似的封装种类，此处选择 SOP，依次设置焊盘尺寸（59～79 mil[⊖]）、间距（90～253 mil）、外框宽度、焊盘总数（6），设置封装名称为 AMS1117，效果如图 5-22a 所示。

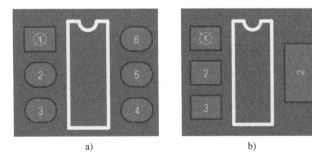

图 5-22   封装库文件创建
a）设置 AMS1117 封装   b）编辑焊盘属性

⊖ 1 mil = 0.0254 mm。

选中 4 号、6 号焊盘，按〈Delete〉键将其删除，编辑其余焊盘的属性，将其外形改为矩形，同时将右侧 5 号焊盘 Designator 属性改为 2，更改矩形高度为 150 mil，效果如图 5-22b 所示，单击"保存"按钮。

类似地，添加 0603 封装的电容以及外接焊盘的原理图库和封装库文件，效果如图 5-23 所示。

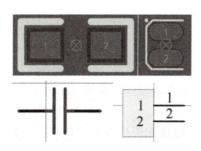

图 5-23　添加原理图库和封装库文件

然后打开原理图库，选择"Add Footprint"添加封装，单击"浏览"按钮，选择刚刚创建的封装库，完成创建。

4. 原理图绘制

打开创建的原理图库文件，右侧 Conponent 中可以看到先前创建的三个元件，可以将其拖动到原理图中，如图 5-24 所示。

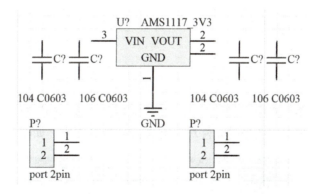

图 5-24　添加元件

单击上方工具栏中的"线"按钮，或按〈Ctrl+W〉组合键，进行连线操作，右击上方线，选择"网络标签"选项，可以添加 GND、5 V、3V3 的网络，也可以添加地的图标，效果如图 5-25 所示。

选择"工具"→"标注"→"原理图标注"选项，在弹出的界面中单击"更新更改列表"按钮，接着会出现更改的相关信息列表，单击"接收更改"按钮，表示接受这些即将进行的更改操作。然后单击"验证"按钮，软件会对这些更改进行检查和验证，确保更改的可行性和正确性。验证通过后，再单击"执行变更"按钮，让软件实际去执行这些已经验证过的更改操作。完成上述操作后，会出现一个确认或提示的界面，此时单击"确定"按钮，来确认整个操作流程的完成。最后单击"关闭"按钮，关闭当前与原理图标注相关的界面，这时可以看到原理图中标号已经生成了，如图 5-26 所示。可以选择"工具"→

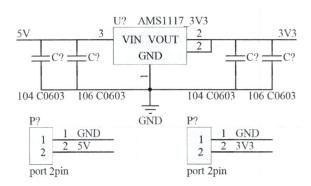

图 5-25　元件连线

"封装管理器"选项调整封装,确认无误后单击"保存"按钮。

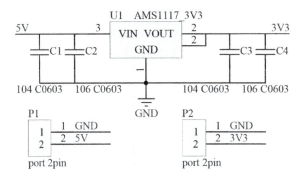

图 5-26　原理图标注

5. PCB 图绘制

在原理图中选择菜单栏中"设计"→"Update PCB Document"选项,验证和执行变更,关闭后软件就会自动将原理图中的元件对应地添加到 PCB 图中,如图 5-27 所示。

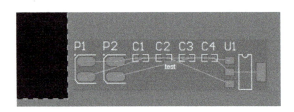

图 5-27　PCB 图绘制 1

机械层用于定义电路板的物理边界、安装孔等机械相关信息,页面下方选择机械层颜色为紫红色,通过"放置线条"工具绘制出机械层形状,也就是需要的 PCB 板外框形状,如图 5-28 所示。

选中绘制的外框,选择"设计"→"板子形状"→"按照选择对象定义"选项,可以看到 PCB 板形状已经调整过来了。将元器件合理放在外框内,如图 5-29 所示。

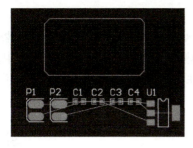

图 5-28　PCB 图绘制 2

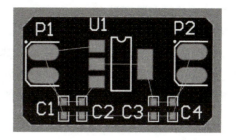

图 5-29　PCB 图绘制 3

在布线前可以对 PCB 规则进行更改，选择"设计"→"规则"选项，Electrical - Clearance 用于更改各个部件间允许的最小间距，可以根据代工的 PCB 厂商工艺能力选择，也可以保持默认。对于一些引脚较为密集的元件，最小间距需要适当调小以避免报错。Routing-Width 用于更改线宽参数，设置最大和最小线宽，最大线宽可以改大，最小线宽可以保持默认，也是根据代工厂商工艺能力选取的。

选择"交互式布线连接"选项，按照原理图中的连接关系连接各个焊盘，可以在右侧选项中调整线宽等参数，为了保证线路过流能力，线宽可以适当取大一些，效果如图 5-30 所示。

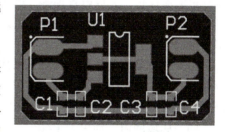

图 5-30　PCB 图绘制 4

可以选择"工具"→"滴泪"选项添加滴泪，避免线路的直角连接；右击放置多边形平面，选择"铺铜"选项，框中铺铜区域可以进行铺铜，一般在正反两面对地引脚处进行铺铜；再选择"工具"→"缝合孔"选项，将上下地平面连通，最终 PCB 图和三维效果图如图 5-31 所示。

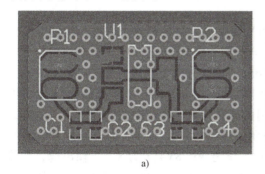

a)

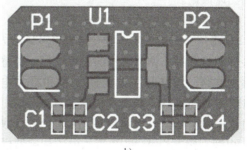

b)

图 5-31　最终 PCB 图和三维效果图

6. 生成打板文件，发送厂商生产

选择"文件"→"制造输出"→"Gerber Files"选项，通用栏选择"英寸"，格式选择"2:5"，层选项卡中绘制层下拉列表框中全选，钻孔图层勾选钻孔图和钻孔向导图，光圈默认，高级选项胶片规则末尾加"0"防止打印尺寸过小，单击"确定"按钮。回到 PCB 文件，选择"文件"→"制造输出"→"NC Drill Files"选项，选择"英寸"，格式选择"2:4"，单击"确定"按钮即可。

在工程文件路径找到 Project Outputs for xxx 文件夹，将其打包，即可发送给 PCB 代工厂商进行加工生产。

7. 电路板的焊接和测试

获得 PCB 打板后，准备焊接的元器件，在 PCB 焊盘上涂抹少量锡膏，将各元器件按照原理图设计码放在焊盘上，通过热风枪或加热台加热 PCB 电路板来融化锡膏，使用镊子等工具拨正元器件、清理连锡，最终得到所需要的硬件电路板。在万用表初步检测无误后可以进行上电测试，验证是否能够满足预定的功能需求。

5.3　仿生海龟控制系统实现实例

海龟 PC 上位机

海龟机器人控制系统整体设计思路如下：机器人的控制对象为左右肢两个单独舵机、后肢一个耦合舵机、头部调整摄像头角度舵机和下方同步带重心调节机构的舵机，共需要 5 路舵机 PWM 驱动信号。由于需要驱动高清摄像头，一般的单片机无法满足性能需求，选择使用野火 LubanCat 嵌入式 Linux 开发板作为主控板，负责驱动 USB 摄像头和开启远程服务，与 PC 上位机建立网络通信。

由于 LubanCat 开发板 PWM 输出引脚数量不足，且也需要额外电路负责电源降压稳压、舵机过电流保护、充放电管理等，因此在外围电路板上再增加一片 STM32 单片机作为下位机，协助实现舵机驱动、功耗管理、过电流保护等功能，与 LubanCat 开发板之间通过 UART 串口进行通信。

由于水下无线信号屏蔽问题，采用水面浮漂中转方式，浮漂处使用 ESP32 开发板外接 LAN8720 以太网模块，模块通过 RJ45 接口与机器人 LubanCat 开发板通过双绞线连接，ESP32 作为路由器使用，开启 WIFI 热点，PC 上位机连接浮漂处的 WIFI 无线网络，与机器人在同一局域网内，利用 TCP/IP 发送 Socket 套接字进行通信；此外 LubanCat 开发板在局域网内开启网络摄像头服务，PC 上位机可以从 Python 图形界面程序内嵌的浏览器窗口查看回传的图像数据。

在具体硬件电路设计中，采用大容量 12.6 V 锂电池为海龟机器人供电，经过 5 路分立 SY8205 降压开关电源芯片提供 4 路 8.4 V 动力电源和 1 路 5 V LubanCat 开发板供电电源，其中头部舵机和重心调节机构的舵机共用一路输出。4 路动力电源输出另外各串联一个霍尔电流检测电路，每路开关电源使能脚和霍尔电流传感器 ACS712 芯片模拟输出脚均与板载 STM32 单片机连接，当单片机通过 ADC 检测到电流异常值时会暂时关闭该路开关电源，起到过电流保护功能，电路原理图如图 5-32 所示：右侧为电源 12.6 V 输入；左侧为 5 V 的 VCC 电源，用其为 ACS712 霍尔电流传感器供电；下方 VP_8V4_1 为 8.4 V 输出脚，连接输出端口，与舵机相连；中间为开关电源电压反馈环节，电阻分压电路处采用可调电阻，可以根据实际需要更改输出的电压值，如左右舵机转速不统一时可以适当调整使之协调。

板载 STM32 单片机采用与 LubanCat 开发板独立的 5 V 供电，使用 SY8113 降压电路，再连接 XC6206 线性稳压器输出 3.3 V 供电电压。充电电路采用外购的无线充电器和 5 V、3 A 输入的 3S 聚合物/锂电池充电模块。STM32 单片机在检测到无线充电接入时，可以控制开关电源使能脚暂时切断所有舵机和 LubanCat 的供电以降低功耗，提高充电效率。使用的单片机型号为 STM32F030K6T6，其供电电路、最小系统板电路和充电检测控制电路如图 5-33 所示。

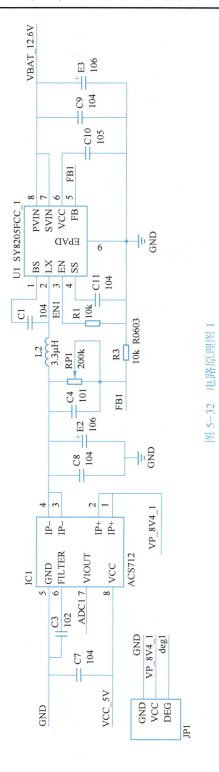

图 5-32　电路原理图图 1

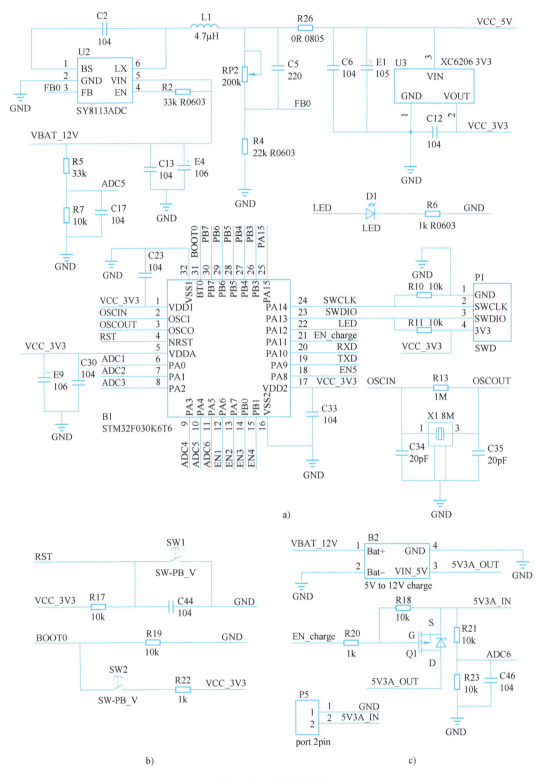

图 5-33 电路原理图 2

最终的电路板三维效果图如图 5-34 所示。

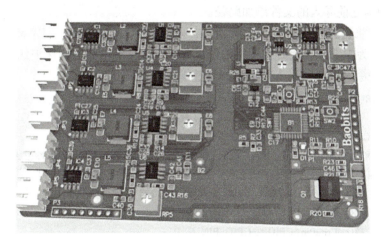

图 5-34　电路板三维效果图

软件部分主要包括 STM32 控制程序、LubanCat 开发板程序、浮漂处 ESP32 通信中转程序和上位机 Python 程序。

STM32 工程文件以前文创建的工程模板为基础进行配置。由于 STM32F030K6T6 程序空间容量为 32 KB，属于小容量芯片，更改 CORE 文件夹中以 ld. s 结尾的启动文件，另外在 FWLib 库文件夹中额外添加 GPIO、RCC、TIM、ADC、USART 外设对应的驱动文件，从正点原子开源库中添加 SYSTEM 文件夹和 delay. c、sys. c、adc. c、tim. c、usart. c 驱动代码。工程文件目录结构配置如图 5-35a 所示。

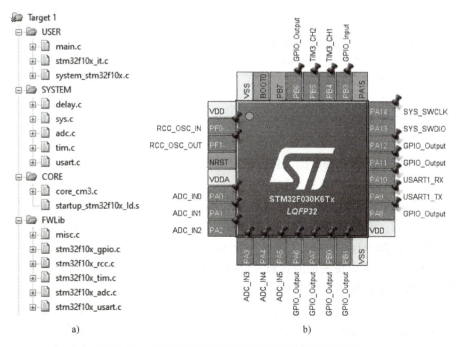

图 5-35　工程文件目录结构配置和单片机引脚配置

单击"魔术棒"按钮，配置芯片型号、主频设为 48 MHz、宏定义 xxx_MD 改为 LD，在 Include Path 中为之前导入的文件添加路径。

STM32 单片机引脚配置如图 5-35b 所示。利用 TIM3 定时器输出 PWM 信号驱动舵机。TIM14 定时器作为中断源，定时触发中断处理程序，执行过电流检测保护任务，此外再进行无线充电输入检测，检测到输入时切断所有外设供电以提升充电效率。

```
void TIM14_IRQHandler( void)
{
  /* USER CODE BEGIN TIM14_IRQn 0 */
  Refresh_ADC_Value( );                              //更新电流传感器输出 ADC 采样数据
  State_Check( );                                    // 过电流状态检测
  while(HAL_GPIO_ReadPin(GPIOB, GPIO_PIN_3) = = 1){ // 检测到充电输入
      // 关闭 B6 cat 供电使能
      HAL_GPIO_WritePin( GPIOB, GPIO_PIN_6, 0);
      //关闭 A6 A7 B0 B1 4 路 EN
      HAL_GPIO_WritePin( GPIOA, GPIO_PIN_6|GPIO_PIN_7, 0);
      HAL_GPIO_WritePin( GPIOB, GPIO_PIN_0|GPIO_PIN_1, 0);
      //关闭滑块使能
      HAL_GPIO_WritePin( GPIOA, GPIO_PIN_8, 0);
  }
  //打开 cat 滑块使能
  HAL_GPIO_WritePin( GPIOB, GPIO_PIN_6, 1);
  HAL_GPIO_WritePin( GPIOA, GPIO_PIN_8, 1);
  //打开各个使能
  HAL_GPIO_WritePin( GPIOA, GPIO_PIN_6|GPIO_PIN_7, 1);
  HAL_GPIO_WritePin( GPIOB, GPIO_PIN_0|GPIO_PIN_1, 1);
  /* USER CODE END TIM14_IRQn 0 */
  HAL_TIM_IRQHandler( &htim14);
  /* USER CODE BEGIN TIM14_IRQn 1 */
  /* USER CODE END TIM14_IRQn 1 */
}
```

主循环中监视串口接收的数据，接收数据每帧 7 个字节，格式为"< id d1 d2 > \r \n"，帧头帧尾为小于号（0x3C）和大于号（0x3E），中间包含三个参数，id 为指令编号，id 为 1 时根据 d1 字节后四位调整四路开关电源输出使能，id 为 2 时设置 TIM3 输出的 PWM 信号，占空比为 d1 和 d2。回传数据共 18 位，格式为"< AD0-4 H L(10 Byte) EN 1 Byte PWM_PRC (0-255 150default) x2 receive 1 Byte > \r \n"，包括 5 路电流采样结果高 8 位低 8 位共 10 字节、当前各个开关电源使能脚状态 4 位一个字节、两路 PWM 输出设定值两个字节、备用一个字节、帧头帧尾两字节和结束位 \r\n 两个字节。

```
if(HAL_UART_Receive(&huart1, rxbuff, 7, 1000)= =HAL_OK){    // 串口接收检测
    HAL_UART_Transmit(&huart1, rxbuff, 7, 0xffffffffu);      // 串口回传
    if(rxbuff[4] = = '>' && rxbuff[0] = = '<'){              // 帧头尾校验
```

```
HAL_GPIO_WritePin(GPIOA, GPIO_PIN_12, 1);
cmd_id = rxbuff[1];
cmd_cs = rxbuff[2];
cmd_bl = rxbuff[3];
switch(cmd_id){                          // 根据指令编号进行对应操作
    case '1':                            // 配置使能
        for(i=0;i<4;i++){
            dcdc_en[i] = (cmd_cs>>i)&0x01;
        }
        HAL_GPIO_WritePin(GPIOA, GPIO_PIN_6, dcdc_en[0]);
        HAL_GPIO_WritePin(GPIOA, GPIO_PIN_7, dcdc_en[1]);
        HAL_GPIO_WritePin(GPIOB, GPIO_PIN_0, dcdc_en[2]);
        HAL_GPIO_WritePin(GPIOB, GPIO_PIN_1, dcdc_en[3]);
        break;
    case '2':                            // 进行 PWM 信号配置，数据回传
        __HAL_TIM_SetCompare(&htim3, TIM_CHANNEL_1, cmd_cs);
        pwm_cp = cmd_cs;
        __HAL_TIM_SetCompare(&htim3, TIM_CHANNEL_2, cmd_bl);
        pwm_dp = cmd_bl;
        break;
}
txdata[1] = adc_value[0]>>8;
txdata[2] = adc_value[0]&0xff;
txdata[3] = adc_value[1]>>8;
......
txdata[10] = adc_value[4]&0xff;
cmd_bl = 0;
for(i=0;i<4;i++){
    cmd_bl += (dcdc_en[i]<<i);
}
txdata[11] = cmd_bl;
txdata[12] = pwm_cp;
txdata[13] = pwm_dp;
HAL_UART_Transmit(&huart1, txdata, 18, 0xffffffffu);  // 串口发送回传数据
}
}
```

LubanCat 开发板主控芯片使用 RK3566，主频为 1.8 GHz，性能强大，开发板内自带了 GCC 编译器，可以在开发板上自行编译程序运行，不需要额外配置 Windows 交叉编译环境。开发方式选择使用 VScode 安装 SSH 插件，远程 SSH 登录板卡，进行调试开发。

LubanCat 开发板使用 P12、P32、P33 引脚开启 PWM 输出功能，使用 P8、P10 引脚作为串口的发送/接收引脚，在终端中使用 sudo fire-config 工具配置引脚外设复用功能。通过连接上位机开启的 TCP 服务器程序，接收 Socket 套接字指令信息，并将另两路 PWM 设定值

向下传达给 STM32 单片机，同时接收回传的数据反馈给 PC 上位机。

```
while (1) {
    // 清空 buff
    bzero(buff, 10240);
    //未收取到信息
    if (read(sockfd, buff, sizeof(buff)) <= 0) {
        printf("Ser close...\n");
        close(sockfd);
        ……
        continue;
    }
    // 收取到信息
    if(buff[0] == '[' && buff[8] == ']') {
        p1 = buff[1] + 90;
        p2 = buff[2] + 90;
        p3 = buff[3] + 90;
        p4 = buff[4] + 90;
        p5 = buff[5] + 90;
        p6 = buff[6] + 90;
        en = buff[7] - 48;
        // 更改 cat 控制的 4 个 PWM 占空比
        pwm_config(pwm_path1, "duty_cycle", 20000000 - 10000 * p6);
        pwm_config(pwm_path2, "duty_cycle", 20000000 - 10000 * p3);
        pwm_config(pwm_path3, "duty_cycle", 20000000 - 10000 * p2);
        pwm_config(pwm_path4, "duty_cycle", 20000000 - 10000 * p1);
        // en 为 1, 发送使能控制指令, 下次发送指令时再更改占空比
        if(en == 1) {
            // 更改 STM32 负责输出 PWM 的占空比
            uart_tx_buff[1] = '1';
            uart_tx_buff[2] = 0x4f;
        } else {
            // 更改 STM32 负责输出 PWM 的占空比
            uart_tx_buff[1] = '2';
            uart_tx_buff[2] = p5;
            uart_tx_buff[3] = p4;
        }
        write(uart_fd, uart_tx_buff, 6);
        ……
```

网络摄像头服务选择 motion 软件，使用 sudo apt install motion 进行安装。需要开启服务时，上位机通过 SSH 终端发送 sudo motion 开启服务，关闭时使用 sudo killall −TERM motion 终止进程。

浮漂处 ESP32 工程文件调用 ethernet − eth2ap 例程，使用内置 MAC 控制 LAN8720，单

击下方"齿轮"按钮进行工程配置，设置驱动对象 LAN8720、根据连线设置引脚编号等，具体细节配置参考官方 ESPRESS-API Reference-Networking APIS-Ethernet 文档。

　　WIFI 配置部分调用 wifi-getting_started-softAP 例程，修改热点的 SSID 名称和密码，将两工程文件代码合并，如以 softAP 工程为母版，将 eth2ap 程序头文件#include 部分、配置函数粘贴进来，在 app_main 函数中，两个工程都进行了 NV（非易失性）存储配置，只保留一份代码即可。由于 ESP32 环境内置 RTOS 操作系统，功能代码可以以多任务形式进行，将 eth2ap 程序初始化和任务启动函数添加到后面即可。

```
void app_main(void)
{
    // 公用部分
    // Initialize NVS 非易失性存储
    esp_err_t ret = nvs_flash_init();
    if (ret == ESP_ERR_NVS_NO_FREE_PAGES || ret == ESP_ERR_NVS_NEW_VERSION_
FOUND) {
        ESP_ERROR_CHECK(nvs_flash_erase());
        ret = nvs_flash_init();
    }
    ESP_ERROR_CHECK(ret);
    // WIFI 工程部分
    ESP_LOGI(TAG, "ESP_WIFI_MODE_AP");
    wifi_init_softap();
    // LAN 网口工程部分
    ESP_ERROR_CHECK(esp_event_loop_create_default());
    ESP_ERROR_CHECK(initialize_flow_control());
    initialize_ethernet();
}
```

　　上位机软件使用 Python 开发，支持键盘和 PS2 手柄输入，使用 tkinter 图形界面库编写用户界面，样式如图 5-36 所示。

　　cefpython3 是一个基于 Chromium Embedded Framework 的 Python 库，可以用于在 tkinter 界面中嵌入浏览器，通过创建浏览器对象，使用该对象 LoadURL 方法可以解析网络摄像头服务地址 http://192.168.1.101:8081，获取传回的图像信息。

```
def embed_browser_thread(frame, _rect):
    sys.excepthook = cef.ExceptHook
    window_info = cef.WindowInfo(frame.winfo_id())
    window_info.SetAsChild(frame.winfo_id(), _rect)
    cef.Initialize()
    cef.CreateBrowserSync(window_info, url='http://192.168.1.101:8081')
    cef.MessageLoop()
```

　　使用 hid 库进行手柄设备句柄的检测和读取操作，keyboard 库进行键盘输入的读取。程序可以通过手柄检测按钮检测是否有手柄插入，并添加到可选输入设备列表中以供选择。

图 5-36　上位机软件界面

```
# 检测输入设备
def device_check( * args):
    joystick_device. clear( )
    device_hid_path_dict. clear( )
    device_hid_path_dict['1. 键盘'] = ' '
    info_list = [ ]
    i = 1
    for device in hid. enumerate( ):
        if device['vendor_id'] == 0x0810 and device['product_id'] == 0x01:
            joystick_device. append([device, device['path']])
            i += 1
            info_list. append('{}. '. format(i) + device['product_string'])
            device_hid_path_dict[info_list[-1]] = device['path']
    comboxlist["values"] = tuple(["1. 键盘"] + info_list)
```

通过读取输入的键盘或手柄控制信息，向连接 TCP 服务器的所有客户机广播控制指令，利用 threading 库进行线程控制。

```
……
# 输入检测 & 广播控制代码
root. after(20, refresh_input)
# 处理客户端连接线程
a1 = threading. Thread(target = PC_Connect)
a1. setDaemon(True)
# 内嵌浏览器线程
a2 = threading. Thread(target = embed_browser_thread, args = (frame_V, rect))
a2. setDaemon(True)
```

```
# 开启线程
a1. start( )
a2. start( )
# 图像界面主循环
root. mainloop( )
```

第 5 章习题

　　请尝试基于 ESP32–CAM 模块和 STM32 单片机，对第 2、3 章习题自我设计的执行机构进行运动控制，利用 Altium Designer19 软件进行硬件电路板的绘制，并完成各部分软件控制代码的编写调试。

第6章 仿生机器人优秀案例介绍

本章总结介绍了编者团队自主研发设计的两款仿生机器人——仿生乌贼机器人和仿生青蛙机器人，通过对其设计思路、整体结构、三维建模、打印制作和控制系统等方面进行简要介绍，为以后仿生机器人的设计制作提供技术参考。

6.1 仿生乌贼机器人

6.1.1 仿生乌贼机器人简介

近年来，随着仿生学研究的不断进步，科研工作者的目光集中到长期生活在水下，特别是能在水中自由遨游的鱼类的游动机理的研究上。鱼类游动具有效率高、速度快、机动灵活等许多优点，而这正是目前水下推进器的设计目标。传统的 AUV（水下航行设备）虽然用途不同，但其推进系统由多个螺旋桨组成，并以电磁马达或液压马达作为原动力。推进装置体积大、能耗高、效率低，且具有较大的噪声和尾迹，使得 AUV 的启动、加速性能差，灵活性和隐蔽性难以满足水下机器人技术发展的需要。

基于莱氏拟乌贼仿生的水下机器人所采用的推进方式是一种类似鱼类 MPF 的波动式推进方式。与传统的 AUV 相比，该推进方式有以下显著特点：没有螺旋桨产生的与推进方向垂直的涡流，流体性能更好；波动式推进的效率比常规水下航行设备高，能量利用率高，可以节省能源；传统 AUV 采用的螺旋桨推进和舵机控制，回转半径大，灵活性较差，而莱氏拟乌贼身体扁长，类鱼鳍面足够柔韧，使其在狭窄的地形空间都能有良好的机动性能，回转半径大大减小，而且稳定性也更好，噪声也更小，隐蔽性更高，不易被水下声呐发现。

6.1.2 仿生乌贼机器人主要结构介绍

1. 尾部加速机构

尾部加速机构是仿腕翼机构，是基于吸血乌贼尾部的触腕仿生创新设计的（吸血乌贼的触腕由像鸭子脚蹼般特殊的薄膜相连，呈伞状，可以收缩张开），如图 6-1～图 6-3 所示。仿腕翼机构进行开合运动，将水流向后推动产生对机器向前推动的力，在水下达到加速以及快速游动的目的。仿生乌贼机器人尾部加速机构下水实物图如图 6-4 和图 6-5 所示。

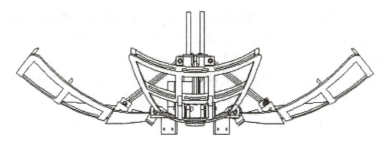

图 6-1　尾部加速机构

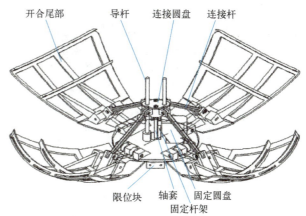

开合尾部　　导杆　　连接圆盘　　连接杆

限位块　　轴套　　固定圆盘
　　　　　固定杆架

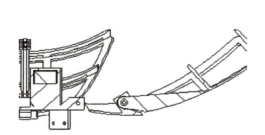

图 6-2　详细结构图 1　　　　　　　　图 6-3　详细结构图 2

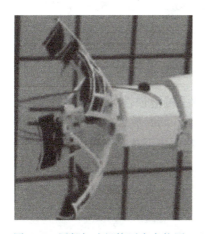

图 6-4　尾部加速机构下水实物图 1　　　图 6-5　尾部加速机构下水实物图 2

2. 主要推进机构

主要推进机构是两侧肉质鳍机构，基于如图 6-6 所示的莱氏拟乌贼两侧的肉质鳍结构仿生设计的。莱氏拟乌贼在水下运动时，肉鳍从头到尾位于背部两侧，随着两侧肉质鳍正弦波类似波形的摆动，将水向后推动，从而产生向前的推力，达到在海洋中慢速稳定前进的效果。

两侧肉质鳍机构采取两根多节曲轴与电动机直接相连，电动机输出动力直接驱动。两侧肉质鳍机构由 9 个工作摆杆组成。随曲轴转动，每个工作摆杆上下摆动。由于多节曲轴自带相位差的特点，可以使工作摆杆自动形成类似正弦波的效果，进而产生向前的推力。主要推进机构的机械简图如图 6-7 所示。当两侧裙边摆动的速度不同时，可以实现仿生水下机器人向速度较慢的一侧转向。不同于旋翼式推进产生的噪声和涡流对机器稳定性产生影响，这种通过两侧裙边的波浪状摆动产生推力作为主要的推进方式，使仿生水下机器人在水下运行时产生的噪声和涡流极小，不会对机器本身产生影响，保证机器在水下运行的稳定性。主要推进机构的覆膜如图 6-8 所示。

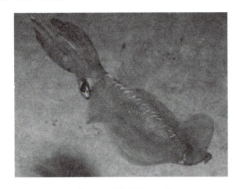

图 6-6 莱氏拟乌贼

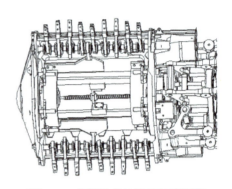

图 6-7 主要推进机构的机械简图

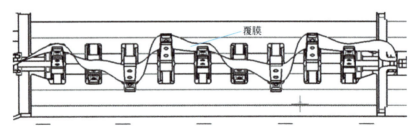

图 6-8 主要推进机构的覆膜

曲轴三维模型如图 6-9 所示。在设计曲轴时，为了抵消惯性力对曲轴的损坏，以转动轴为中心，在转动轴下端设有与曲轴重量相近的平衡块。同时放置曲轴时，在其中间位置设有支承结构，减少因重力导致曲轴弯曲，从而避免曲轴无法正常工作或损坏。曲轴支承结构如图 6-10 所示。

图 6-9 曲轴三维模型

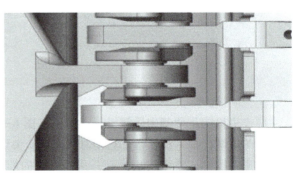

图 6-10 曲轴支承结构

3. 重心调节机构

　　重心调节机构是通过丝杠的运动改变舱体内重物的位置，能够实时调整水下机器人的三维姿态。重心调节机构由两个直线导轨 1 和一个丝杠 2 构成，丝杠在动力源驱动下转动，使与两侧直线导轨连接的滑块沿水下机器人中轴线进行直线运动，如图 6-11 所示。滑块起初位置在水下机器人的重心处。当丝杠正转时，滑块向前移动，重心前移，此时水下机器人继续前进，可达到在水下下潜的目的。同理当丝杠反转时，重心后移，可达到水下机器人在水下上浮的目的，其重心调节机构的剖视图如图 6-12 所示。

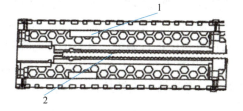 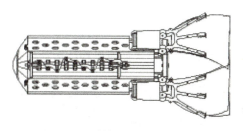

图 6-11　重心调节机构　　　　　　图 6-12　重心调节机构的剖视图

1—直线导轨　2—丝杠

4. 整体机构

　　仿生乌贼机器人包括主体、两侧肉质鳍机构、仿腕翼机构和重心调节机构。其中，主体内设置有浮子；两侧肉质鳍机构设置于主体的左、右两侧，通过连接覆膜使整体进行扑翼运动；仿腕翼机构设置于主体的尾部，通过开合运动推动主体游动。在水下游动时，肉质鳍机构模拟莱氏拟乌贼的肉质鳍设置，其在进行扑翼运动时，将水向后推动，从而产生向前的推力，推动主体在海洋中慢速稳定前进。仿腕翼机构模拟乌贼尾部的触腕设置，进行开合运动将水流向后推动，在水下达到加速以及快速游动的目的。结合重心调节机构，可以实现在水下的上浮与下潜。通过三个主要机构的合作配合实现在水下灵活多自由度的运动前行。整体机械简图（轴视图）及（侧视图）如图 6-13 和图 6-14 所示。

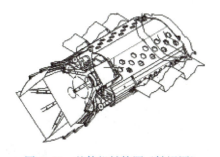 

图 6-13　整体机械简图（轴视图）　　　图 6-14　整体机械简图（侧视图）

　　整体机构的空间布局主要以防水亚克力舱为中心，亚克力舱内含重心调节机构与各种电子元件。亚克力舱为现有水下机器人专业防水舱，具有极好的密闭性，可以在水下保护电子元件与重心调节机构不被水腐蚀和破坏，而位于两侧的是主要推进机构，尾部则是尾部加速机构。外壳是由柔性 3D 打印件制作，可以减少水下机器人在水下因碰撞造成的损坏，提升了其水下适应性。在外壳与防水亚克力舱中间则放置了浮力块。这样整体设计使水下机器人的空间利用率更高，且尾部加速机构与整体进行的是螺栓连接，以便于尾部加速机构的更换与维修。

6.1.3　仿生乌贼机器人三维建模

　　这里以仿生乌贼机器人的主要推进机构中的曲轴为例，讲解执行结构的建模思路与流程。它是通过拉伸、切除、圆角等命令完成的。曲轴共有九节，这里截取一部分进行讲解，其绘制步骤如下。

　　第一步，拉伸一个由曲线构成的曲轴截面，并通过切除命令将截面的上下边各自切除一部分，优化曲轴的结构。完成单节曲轴截面的建模后，通过镜像命令将曲轴截面复制成一对。第二步，通过旋转命令将曲轴的偏置轴部分绘制出来。第三步，通过线性阵列命令将曲轴的其余节数阵列出来，阵列距离可根据机器人自身长度进行调整，这里选择的阵列距离是22 mm。第四步，通过移动/复制命令将曲轴的各节沿着 Z 轴的方向进行旋转，最后达到每节之间 90°相位差的效果。第五步，通过拉伸命令，将曲轴的主轴拉伸出来，并对一些边线进行圆角操作，使零件更加美观，部分区域受到应力减少。最后一步，在曲轴与电动机法兰盘的连接处建模，在曲轴末端拉伸一个矩形凸台，尺寸与选择的法兰盘配合即可，添加圆角与倒角便于装配，至此完成曲轴的建模。得到的最终三维模型如图 6-15 所示。

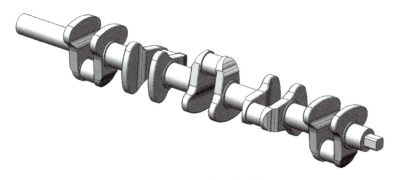

图 6-15　曲轴三维模型

6.1.4　仿生乌贼机器人运动仿真

　　1）ADAMS 头部喷水加速机构的运动仿真如图 6-16 所示。

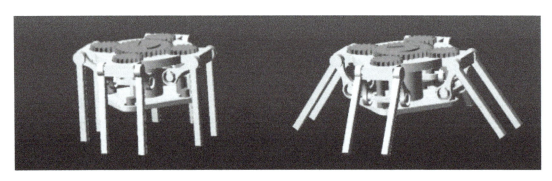

图 6-16　ADAMS 头部喷水加速机构的运动仿真

2）ADAMS 尾部加速机构的运动仿真如图 6-17 所示。

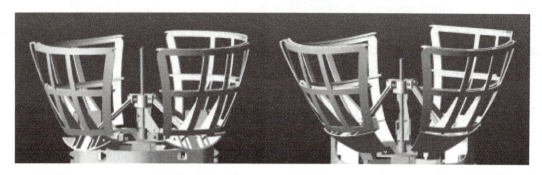

图 6-17　ADAMS 尾部加速机构的运动仿真

3）ADAMS 主要推进机构的运动仿真如图 6-18 所示。

图 6-18　ADAMS 主要推进机构的运动仿真

6.1.5　仿生乌贼机器人 3D 打印

这里以仿生乌贼机器人的曲轴为例，简要介绍 3D 打印仿生机器人零件的流程。首先将需要打印的 .STL 格式文件导入 3D 打印的切片软件 Bambu Studio 内，并将模型的摆放位置与角度进行调整。

将参数设置完成后，把模型摆放到合适的位置，使打印过程较稳固且支撑较少，对模型进行切片处理。完成切片后再次检查是否有其他错误或遗漏，没有问题后通过切片软件导出 G-code 文件，导入 3D 打印机后即可开始打印。

打印完成后，需要经过打磨、抛光处理，最后实物效果如图 6-19 所示。

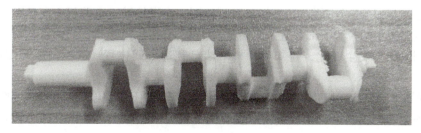

图 6-19　最后实物效果

6.1.6 仿生乌贼机器人控制系统实现

仿生乌贼机器人控制系统整体设计要求：机器人的执行器包括左右两侧各一个直流电动机，用以驱动两侧肉质鳍，要求可以正反转和调速，以实现机器人在水中的转向和偏航运动；尾部加速机构也由一个直流电动机驱动，只需要单向旋转，但要求实现间歇转动，实现辅助直线推进，间歇位置相位需要使尾部保持在收起状态以减少运行阻力；机器人防水亚克力舱内包含一个丝杠滑块重心调节机构，也由一个直流电动机驱动，需要让重心调节机构的滑块根据控制指令在前、中、后三个位置切换，以改变俯仰状态；机器人需要实现无线遥控，头部安装一个摄像头，能实现简单的图像传输任务。

乌贼 PC 上位机

根据控制需求，主要的控制对象为四路直流电动机，硬件电路使用 RZ7899 双路 H 桥电动机驱动芯片进行控制。RZ7899 有两个逻辑输入端子用来控制电动机前进、后退及制动，同时它还具有内置二极管能释放感性负载的反向冲击电流。此外，该驱动模块还具有良好的抗干扰性、微小的待机电流以及较低的输出内阻。1、2 脚为控制引脚；5、6 脚和 7、8 脚各自连通，为两路输出引脚，输入/输出真值表见表 6-1。

表 6-1　输入/输出真值表

2 脚　前进输入	1 脚　后退输入	5, 6 脚　前进输出	7, 8 脚　后退输出
H	L	H	L
L	H	L	H
H	H	L	L
L	L	Open	Open

前两路需要调速和正反转控制，不需要添加其他传感器，各需要两路 PWM 驱动信号。尾部电动机只需要单向旋转控制，但需要额外添加一个位置传感器，检测尾部是否处在收起状态。考虑到水下环境，此处采用霍尔传感器进行位置检测，在机器人机身和摆动尾鳍上固定一对钕铁硼强磁铁和开关型霍尔传感器，使尾部收起时两者恰好相对，触发霍尔传感器输出脚电平转换。

重心调节机构的电动机需要检测前、中、后三个位置，由于重心调节机构位于防水亚克力舱内，可以采用常用的触动开关（微动开关）进行前、后两极限位置的检测，中间位置也采用和尾部相似的磁铁-霍尔传感器对进行检测，在滑块贴近电路板方向粘贴一块钕铁硼强磁铁，电路板中间位置下部放置一个贴片 OH44E 型霍尔传感器，当两者相对时霍尔传感器输出引脚电平会发生变化，告知单片机滑块已到达中间位置，其控制原理图如图 6-20所示。

机器人使用 STM32F103RBT6 单片机进行控制，主要任务是输出 5 个 RZ7899 电动机控制器需要的 10 路 PWM 驱动信号、读取重心调节机构两端触动开关以及两个霍尔传感器输出的位置状态信息。

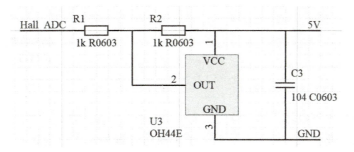

图 6-20　重心调节机构控制原理图

6.1.7　仿生乌贼机器人成果

本节介绍的仿生乌贼机器人在经过团队整体的设计、制作、打磨和迭代后参加了相关的学生竞赛并取得优秀成绩。例如，第十届全国大学生机械创新设计大赛一等奖，第十六届全国大学生创新年会最佳创意项目、我最喜爱的项目，中国 TRIZ 杯大学生创新方法大赛金奖等，如图 6-21 所示。

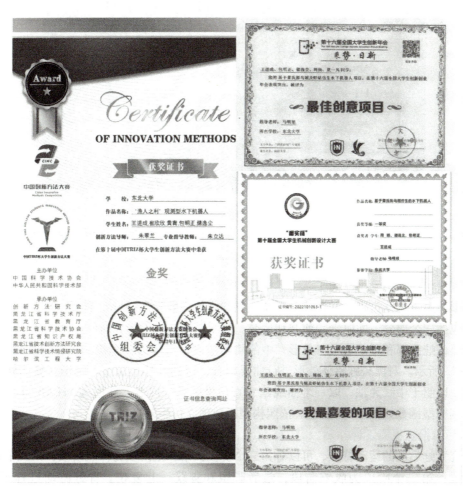

图 6-21　仿生乌贼机器人竞赛奖状

青蛙机器人介绍
及运动

6.2　仿生青蛙机器人

6.2.1　仿生青蛙机器人简介

　　针对现有仿生水下机器人体积较大、无法快速游动、隐蔽性差的缺陷，本节基于青蛙进行仿生设计，其主要构成有躯干和后肢。躯干模仿青蛙外形进行设计，整体扁平，头部略尖；后肢将曲柄摇杆机构和双摇杆机构串联构成八杆联动机构，模仿青蛙的腿部进行往复伸展运动，能够自由地在水面游动。仿生青蛙机器人具有较强环境适应能力和强隐蔽性且十分便携，弥补了传统水下机器人体积大、灵活性差的不足，其渲染图如图6-22所示。

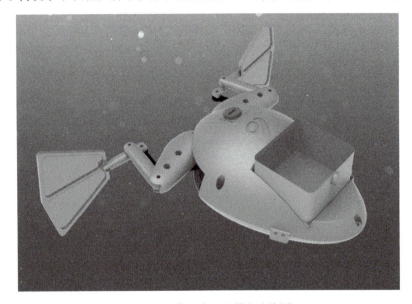

图6-22　仿生青蛙机器人渲染图

6.2.2　仿生青蛙机器人总体设计

1. 躯干仿生设计

　　外形仿照常见蛙类黑斑蛙设计。黑斑蛙成蛙体长一般为7~8 cm，体重50~60 g，整体结构主要包括三个部分，即躯干、前肢和后肢。为了适应其水中的长时间游动，减少水中游动阻力，黑斑蛙头部和尾部略呈三角形，中部均匀过渡，整体为一个梭形，符合流线型要求，如图6-23所示。对黑斑蛙整体外形进行曲线拟合，得到其外形曲线。由于其整体外形为对称结构，以躯干中线为轴，取一半曲线建立直角坐标系，取点，并用MATLAB进行函数拟合，得到构型函数如图6-24所示。依照构型函数建立仿生外壳。

2. 后肢推进机构设计

　　研究青蛙后肢的运动特点，可以分为三个阶段：第一个阶段为伸展阶段；第二个阶段为滑行阶段；第三个阶段为收缩阶段，最后脚跟和脚蹼一起复位。青蛙游动过程示意图，如图6-25所示。

图 6-23　黑斑蛙整体外形

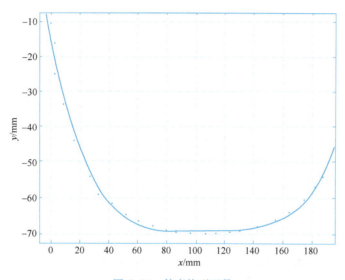

图 6-24　外壳构型函数

图 6-25　青蛙游动过程示意图

　　通过以上分析,将青蛙后肢运动看为一个多刚体运动,每一个关节都是一个旋转结点。要想模拟青蛙后肢运动,必须限制杆件的转动角度使其符合青蛙后肢各部分的摆动角度,并将其摆动关系关联起来。由此设计了曲柄摇杆机构,模拟青蛙大腿摆动。又将双摇杆机构与曲柄摇杆机构串联,以模拟小腿的摆动。最后又在之前的基础上继续串联了一个双摇杆机构,以充当脚蹼的摆动,整体构成了八杆联动机构。曲柄旋转不同角度时,仿生后肢分别呈现伸展和收缩状态,旋转一个整周仿生青蛙便完成一次蹬腿动作,向前游动。利用曲柄摇杆的急回特性,可实现腿部的快速蹬出及慢速收回,高度模仿了青蛙的运动姿态,提高了推进效率。青蛙后肢伸展与收缩状态机构简图,如图 6-26 和图 6-27 所示。

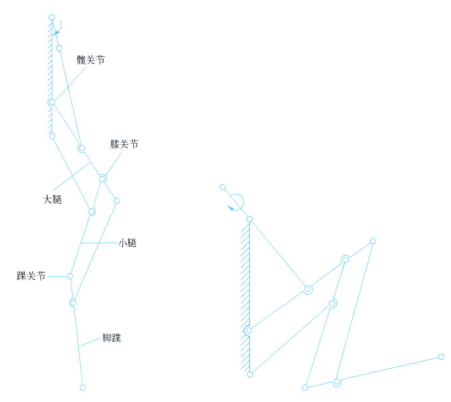

图 6-26　青蛙后肢伸展状态机构简图　　　　图 6-27　青蛙后肢收缩状态机构简图

6.2.3　仿生青蛙机器人执行机构设计

多杆机构在循环周期内的运动特性（位移、速度和加速度的变化规律）可以采用经典的复矢量法进行分析。对于后肢推进机构，首先建立闭环矢量方程的位移关系，然后利用位移矩阵可以快速求解速度和加速度关系。

后肢推进机构可以简化为图 6-28 所示机构简图。

计算后可以得出 CF 的摆动范围为 $54.76° < \alpha < 151.20°$；$EI$ 的摆动范围为 $36.31° < \beta < 126.57°$；IK 的摆动范围为 $56.15° < \theta < 158.25°$；真实蛙类髋关节的转动范围为 $30° \sim 125°$、膝关节的转动范围为 $55° \sim 160°$。上文建立的仿生青蛙后肢模型计算出的运动角度变化与真实青蛙运动角度变化相似。

通过上述计算，后肢推进机构各杆件间的摆动角度与蛙类游动时的运动角度相近，可以很好地拟合蛙类游动姿态及运动效果，同时曲柄摇杆急回系数为 1.35，可以实现蛙腿的快速蹬出及慢速收回，提高运动效率。

6.2.4　仿生青蛙机器人三维建模

对于蛙腿的建模首先使用 SOLIDWORKS 中的 Power Surfacing 插件进行曲面设计，将真实蛙腿的三视图导入 SOLIDWORKS 中，依据三视图在插件中对曲面进行拉伸，绘制出仿生蛙腿。在完成蛙腿外形曲面的设计后，需要继续对安装孔位、槽位等一些细节进行建模，采用"拉伸-切除"的方式设计安装孔的位置，并且需要在中间切出一个槽，以免蛙腿运动过

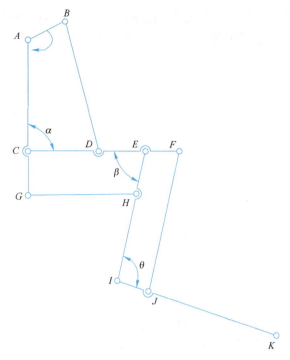

图 6-28　机构简图

程中产生干涉。需要注意的是，由于蛙腿的杆组较为复杂，安装时需要大量的销轴等连接件，为了避免这些零件和杆件之间产生干涉影响蛙腿运动，在建模过程中需要设计一些凸台、阶梯孔和六边形螺母孔来减少连接件对各个杆件的影响，并且可以使各个杆件的运动平面相互错开，以此来实现蛙腿的流畅运动。蛙大腿建模如图 6-29 所示。

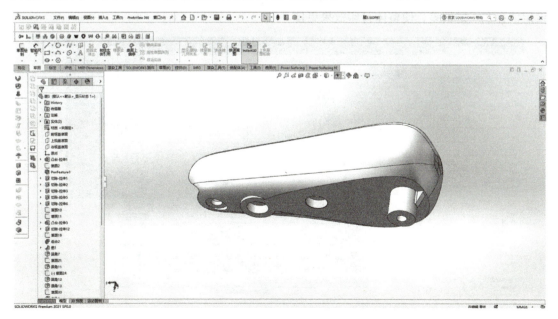

图 6-29　蛙大腿建模

另外两个腿部组件采用相同的方式进行建模，为了避免杆件之间的干涉，可以对模型外形进行一定的修改，最终建模如图 6-30~图 6-32 所示。

图 6-30　蛙小腿建模　　　　　　图 6-31　蛙跗骨建模　　　　　　图 6-32　蛙脚蹼建模

6.2.5　仿生青蛙机器人 3D 打印

由于仿生青蛙机器人各个零件的作用和受力情况不同，所需要的强度也不同，因此在 3D 打印过程中，需要对不同的零件进行个性化参数设置，下面以青蛙外壳为例进行打印。

由于仿生青蛙机器人的设计用途为水面巡航进行水质探测或用于水面竞技，因此对外壳的强度要求不高，但需要外壳有较强的浮力，所以在打印时外壳采用默认的 15% 稀疏填充密度即可。打印质量和打印速度均使用默认参数。开启支撑，采用普通支撑类型。模型采用立式摆放的形式，这样蛙壳外表面的支撑数量较少，避免了在拆除支撑结构后在蛙壳外表面留下残留，可以提高机器人壳体的平滑度，如图 6-33 所示。青蛙打印安装后整体实物图如图 6-34 所示。由于切片软件本身自带调整机制，切片后真实打印的文件在打印参数上会与设定值存在一定偏差，使整体打印效果更佳。

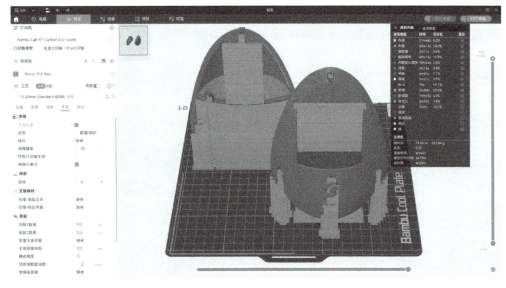

图 6-33　蛙壳 3D 打印摆放

图 6-34　青蛙打印安装后整体实物图

附　　录

标准公差数值在附录 A 中给出，轴和孔的极限偏差分别在附录 B 和附录 C 中给出，可参考附录进行机器人紧固件的装配。

附录 A　标准公差数值（GB/T 1800.2—2020）

公称尺寸/mm		标准公差等级																	
		IT1	IT2	IT3	IT4	IT5	IT6	IT7	IT8	IT9	IT10	IT11	IT12	IT13	IT14	IT15	IT16	IT17	IT18
大于	至	μm											mm						
—	3	0.8	1.2	2	3	4	6	10	14	25	40	60	0.1	0.14	0.25	0.4	0.6	1	1.4
3	6	1	1.5	2.5	4	5	8	12	18	30	48	75	0.12	0.18	0.3	0.48	0.75	1.2	1.8
6	10	1	1.5	2.5	4	6	9	15	22	36	58	90	0.15	0.22	0.36	0.58	0.9	1.5	2.2
10	18	1.2	2	3	5	8	11	18	27	43	70	110	0.18	0.27	0.43	0.7	1.1	1.8	2.7
18	30	1.5	2.5	4	6	9	13	21	33	52	84	130	0.21	0.33	0.52	0.84	1.3	2.1	3.3
30	50	1.5	2.5	4	7	11	16	25	39	62	100	160	0.25	0.39	0.62	1	1.6	2.5	3.9
50	80	2	3	5	8	13	19	30	46	74	120	190	0.3	0.46	0.74	1.2	1.9	3	4.6
80	120	2.5	4	6	10	15	22	35	54	87	140	220	0.35	0.54	0.87	1.4	2.2	3.5	5.4
120	180	3.5	5	8	12	18	25	40	63	100	160	250	0.4	0.63	1	1.6	2.5	4	6.3
180	250	4.5	7	10	14	20	29	46	72	115	185	290	0.46	0.72	1.15	1.85	2.9	4.6	7.2
250	315	6	8	12	16	23	32	52	81	130	210	320	0.52	0.81	1.3	2.1	3.2	5.2	8.1
315	400	7	9	13	18	25	36	57	89	140	230	360	0.57	0.89	1.4	2.3	3.6	5.7	8.9
400	500	8	10	15	20	27	40	63	97	155	250	400	0.63	0.97	1.55	2.5	4	6.3	9.7
500	630	9	11	16	22	32	44	70	110	175	280	440	0.7	1.1	1.75	2.8	4.4	7	11
630	800	10	13	18	25	36	50	80	125	200	320	500	0.8	1.5	2	3.2	5	8	12.5
800	1000	11	15	21	28	40	56	90	140	230	360	560	0.9	1.4	2.3	3.6	5.6	9	14
1000	1250	13	18	24	33	47	66	105	165	260	420	660	1.05	1.65	2.6	4.2	6.6	10.5	16.5
1250	1600	15	21	29	39	55	78	125	195	310	500	780	1.5	1.95	3.1	5	7.8	12.5	19.5
1600	2000	18	25	35	46	65	92	150	230	370	600	920	1.5	2.3	3.7	6	9.2	15	23
2000	2500	22	30	41	55	78	110	175	280	440	700	1100	1.75	2.8	4.4	7	11	17.5	28
2500	3150	26	36	50	68	96	135	210	330	540	860	1350	2.1	3.3	5.4	8.6	13.5	21	33

附录 B　轴的极限偏差　　　　　　　（单位：μm）

公差带	公差等级	公称尺寸/mm									
		大于 10 至 18	大于 18 至 30	大于 30 至 50	大于 50 至 80	大于 80 至 120	大于 120 至 180	大于 180 至 250	大于 250 至 315	大于 315 至 400	大于 400 至 500
d	7	−50 −68	−65 −86	−80 −105	−100 −130	−120 −155	−145 −185	−170 −216	−190 −242	−210 −267	−230 −293
	8	−50 −70	−65 −98	−80 −119	−100 −146	−120 −174	−145 −208	−170 −242	−190 −271	−210 −299	−230 −327
	▼9	−50 −93	−65 −117	−80 −142	−100 −174	−120 −207	−145 −245	−170 −285	−190 −320	−210 −350	−230 −385
	10	−50 −120	−65 −149	−80 −180	−100 −220	−120 −260	−145 −305	−170 −355	−190 −400	−210 −440	−230 −480
	11	−50 −160	−65 −195	−80 −240	−100 −290	−120 −340	−145 −395	−170 −460	−190 −510	−210 −570	−230 −630
e	6	−32 −43	−40 −53	−50 −60	−60 −79	−72 −94	−85 −110	−100 −129	−110 −142	−125 −161	−135 −175
	7	−32 −50	−40 −61	50 −75	−60 −90	−72 −107	−85 −125	−100 −146	−110 −162	−125 −182	−135 −198
	8	−32 −59	−40 −73	−50 −89	−60 −106	−72 −126	−85 −148	−100 −172	−110 −191	−125 −214	−135 −232
	9	−32 −75	−40 −92	−50 −112	−60 −134	−72 −159	−85 −185	−100 −215	−110 −240	−125 −265	−135 −290
f	5	−16 −24	−20 −29	−25 −36	−30 −43	−36 −51	−43 −61	−50 −70	−56 −79	−62 −87	−68 −95
	6	−16 −27	−20 −33	−25 −41	−30 −49	−36 −58	−43 −68	−50 −79	−56 −88	−62 −98	−68 −108
	▼7	−16 −34	−20 −41	−25 −50	−30 −60	−36 −71	−43 −83	−50 −96	−56 −108	−62 −119	−68 −131
	8	−16 −43	−20 −53	−25 −64	−30 −76	−36 −90	−43 −106	−50 −122	−56 −137	−62 −151	−68 −165
	9	−16 −59	−20 −72	−25 −87	−30 −104	−36 −123	−43 −143	−50 −165	−56 −186	−62 −202	−68 −223
g	5	−6 −14	−7 −16	−9 −20	−10 −23	−12 −27	−14 −32	−15 −35	−17 −40	−18 −43	−20 −47
	▼6	−6 −17	−7 −20	−9 −25	−10 −29	−12 −34	−14 −39	−15 −44	−17 −49	−18 −54	−20 −60
	7	−6 −24	−7 −29	−9 −34	−10 −40	−12 −47	−14 −54	−15 −61	−17 −69	−18 −75	−20 −83
	8	−6 −33	−7 −40	−9 −48	−10 −56	−12 −66	−14 −77	−15 −87	−17 −98	−18 −107	−20 −117
h	5	0 −8	0 −9	0 −11	0 −13	0 −15	0 −18	0 −20	0 −23	0 −25	0 −27
	▼6	0 −11	0 −13	0 −16	0 −19	0 −22	0 −25	0 −29	0 −32	0 −36	0 −40
	▼7	0 −18	0 −21	0 −25	0 −30	0 −35	0 −40	0 −46	0 −52	0 −57	0 −63
	8	0 −27	0 −33	0 −39	0 −46	0 −54	0 −63	0 −72	0 −81	0 −89	0 −97

（续）

公差带	公差等级	公称尺寸/mm									
		大于10 至18	大于18 至30	大于30 至50	大于50 至80	大于80 至120	大于120 至180	大于180 至250	大于250 至315	大于315 至400	大于400 至500
h	▼9	0 −43	0 −52	0 −62	0 74	0 −87	0 −100	0 −115	0 −130	0 −140	0 −155
	10	0 −70	0 −84	0 −100	0 −120	0 −140	0 −160	0 −185	0 −210	0 −230	0 −250
	▼11	0 −110	0 −130	0 −160	0 −190	0 −220	0 −250	0 −290	0 −320	0 −360	0 −400
j	5	+5 −3	+5 −4	+6 −5	+6 −7	+7 −9	+7 −11	+7 −13	+7 −16	+7 −18	+7 −20
	6	+8 −3	+9 −4	+11 −5	+12 −7	+13 −9	+14 −11	+16 −13	±16	±18	±20
	7	+12 −6	+13 −8	+15 −10	+18 −12	+20 −15	+22 −18	+25 −21	±26	+29 −28	+31 −32
js	5	±4	±4.5	±5.5	±6.5	±7.5	±9	±10	±11.5	±12.5	±13.5
	6	±5.5	±6.5	±8	±9.5	±11	±12.5	±14.5	±16	±18	±20
	7	±9	±10	±12	±15	±17	±20	±23	±26	±28	±31
k	5	+9 +1	+11 +2	+13 +2	+15 +2	+18 +3	+21 +3	+24 +4	+27 +4	+29 +4	+32 +5
	▼6	+12 +1	+15 +2	+18 +2	+21 +2	+25 +3	+28 +3	+33 +4	+36 +4	+40 +4	+45 +5
	7	+19 +1	+23 +2	+27 +2	+32 +2	+38 +3	+43 +3	+50 +4	+56 +4	+61 +4	+68 +5
m	5	+15 +7	+17 +8	+20 +9	+24 +11	+28 +13	+33 +15	+37 +17	+43 +20	+46 +21	+50 +23
	6	+18 +7	+21 +8	+25 +9	+30 +11	+35 +13	+40 +15	+46 +17	+52 +20	+57 +21	+63 +23
	7	+25 +7	+29 +8	+34 +9	+41 +11	+49 +13	+55 +15	+63 +17	+72 +20	+78 +21	+86 +23
n	5	+20 +12	+24 +15	+28 +17	+33 +20	+38 +23	+45 +27	+51 +31	+57 +34	+62 +37	+67 +40
	▼6	+23 +12	+28 +15	+33 +17	+39 +20	+45 +23	+52 +27	+60 +31	+66 +34	+73 +37	+80 +40
	7	+30 +12	+36 +15	+42 +17	+50 +20	+58 +23	+67 +27	+77 +31	+86 +34	+94 +37	+103 +40
p	5	+29 +18	+35 +22	+42 +26	+51 +32	+59 +37	+68 +43	+79 +50	+88 +56	+98 +62	+108 +68
	▼6	+36 +18	+42 +22	+51 +26	+62 +32	+72 +37	+83 +43	+96 +50	+108 +56	+119 +62	+131 +68

（续）

公差带	公差等级	公称尺寸/mm								
		大于 10	大于 18	大于 30	大于 50	大于 65	大于 80	大于 100	大于 120	大于 140	大于 160
		至 18	至 30	至 50	至 65	至 80	至 100	至 120	至 140	至 160	至 180
r	6	+34 +23	+41 +18	+50 +34	+60 +41	+62 +43	+73 +51	+76 +54	+88 +63	+90 +65	+93 +68
	7	+41 +23	+49 +28	+59 +34	+71 +41	+73 +43	+86 +51	+89 +54	+103 +63	+105 +65	+108 +68
s	▼6	+39 +28	+48 +35	+59 +43	+72 +53	+78 +59	+93 +71	+101 +79	+117 +92	+125 +100	+133 +108
	7	+46 +28	+56 +35	+68 +43	+83 +53	+89 +59	+106 +71	+114 +79	+132 +92	+140 +100	+148 +108

公差带	公差等级	公称尺寸/mm								
		大于 180	大于 200	大于 225	大于 250	大于 280	大于 315	大于 355	大于 400	大于 450	
		至 200	至 225	至 250	至 280	至 315	至 355	至 400	至 450	至 500	
r	6	+106 +77	+109 +80	+113 +84	+126 +94	+130 +98	+144 +108	+150 +114	+166 +126	+172 +132	
	7	+123 +77	+126 +80	+130 +84	+146 +94	+150 +98	+165 +108	+171 +114	+189 +126	+195 +132	
s	▼6	+151 +122	+159 +130	+169 +140	+190 +158	+202 +170	+226 +190	+244 +208	+272 +232	+292 +252	
	7	+168 +122	+176 +130	+186 +140	+210 +158	+222 +170	+247 +190	+265 +208	+295 +232	+315 +252	

注：标注▼者为优先公差等级，应优先选用。

附录 C　孔的极限偏差　　　　　　　（单位：μm）

公差带	公差等级	公称尺寸/mm								
		大于 10	大于 18	大于 30	大于 50	大于 80	大于 120	大于 180	大于 250	大于 315	大于 400
		至 18	至 30	至 50	至 80	至 120	至 180	至 250	至 315	至 400	至 500
D	8	+77 +50	+98 +65	+119 +80	+146 +100	+174 +120	+208 +145	+242 +170	+271 +190	+299 +210	+327 +230
	▼9	+93 +50	+117 +65	+142 +80	+174 +100	+207 +120	+245 +145	+285 +170	+320 +190	+350 +210	+385 +230
	10	+120 +50	+149 +65	+180 +86	+220 +100	+260 +120	+305 +145	+355 +170	+400 +190	+440 +210	+480 +230
	11	+160 +50	+195 +65	+240 +80	+290 +100	+340 +120	+395 +145	+460 +170	+510 +190	+570 +210	+630 +230
F	6	+27 +16	+33 +20	+1 +25	+49 +30	+58 +36	+68 +43	+79 +50	+88 +56	+98 +62	+108 +68
	7	+34 +16	+41 +20	+50 +25	+60 +30	+71 +36	+83 +43	+96 +50	+108 +56	+119 +62	+131 +68
	▼8	+43 +16	+53 +20	+64 +25	+76 +30	+90 +36	+106 +43	+122 +50	+137 +56	+151 +62	+165 +68
	9	+59 +16	+72 +20	+87 +25	+104 +30	+123 +36	+143 +43	+165 +50	+186 +56	+202 +62	+223 +68

（续）

公差带	公差等级	公称尺寸/mm 大于10 至18	大于18 至30	大于30 至50	大于50 至80	大于80 至120	大于120 至180	大于180 至250	大于250 至315	大于315 至400	大于400 至500
G	6	+17 +6	+20 +7	+25 +9	+29 +10	+34 +12	+39 +14	+44 +15	+49 +17	+54 +18	+60 +20
	▼7	+24 +6	+28 +7	+34 +9	+40 +10	+47 +12	+54 +14	+61 +15	+69 +17	+75 +18	+83 +20
	8	+33 +6	+40 +7	+48 +9	+56 +10	+66 +12	+77 +14	+87 +15	+98 +17	+107 +18	+117 +20
H	5	+8 0	+9 0	+11 0	+13 0	+15 0	+18 0	+20 0	+23 0	+25 0	+27 0
	6	+11 0	+13 0	+16 0	+19 0	+22 0	+25 0	+29 0	+32 0	+36 0	+40 0
	▼7	+18 0	+21 0	+25 0	+30 0	+35 0	+40 0	+46 0	+52 0	+57 0	+63 0
	▼8	+27 0	+33 0	+39 0	+46 0	+54 0	+63 0	+72 0	+81 0	+89 0	+97 0
	▼9	+43 0	+52 0	+62 0	+74 0	+87 0	+100 0	+115 0	+130 0	+140 0	+155 0
	10	+70 0	+84 0	+100 0	+120 0	+140 0	+160 0	+185 0	+210 0	+230 0	+250 0
	▼11	+110 0	+130 0	+160 0	+190 0	+220 0	+250 0	+290 0	+320 0	+360 0	+400 0
J	7	+10 -8	+12 -9	+14 -11	+18 -12	+22 -13	+26 -14	+30 -16	+36 -16	+39 -18	+43 -20
	8	+15 -12	+20 -13	+24 -15	+28 -18	+34 -20	+41 -22	+47 -25	+55 -26	+60 -29	+66 -31
JS	6	±5.5	±6.5	±8	±9.5	±11	±12.5	±14.5	±16	±18	±20
	7	±9	±10	±12	±15	±17	±20	±23	±26	±28	±31
	8	±13	±16	±19	±23	±27	±31	±36	±40	±44	±48
	9	±21	±26	±31	±37	±43	±50	±57	±65	±70	±77
K	6	+2 -9	+2 -11	+3 -13	+4 -15	+4 -18	+4 -21	+5 -24	+5 -27	+7 -29	+8 -32
	▼7	+6 -12	+6 -15	+7 -18	+9 -21	+10 -25	+12 -28	+13 -33	+16 -36	+17 -40	+18 -45
	8	+8 -19	+10 -23	+12 -27	+14 -32	+16 -38	+20 -43	+22 -50	+25 -56	+28 -61	+29 -68
N	6	-9 -20	-11 -24	-12 -28	-14 -33	-16 -38	-20 -45	-22 -51	-25 -57	-26 -62	-27 -67
	▼7	-5 -23	-7 -28	-8 -33	-9 -39	-10 -45	-12 -52	-14 -60	-14 -66	-16 -73	-17 -80
	8	-3 -30	-3 -36	-3 -42	-4 -50	-4 -58	-4 -67	-5 -77	-5 -86	-5 -94	-6 -103
	9	0 -43	0 -52	0 -62	0 -74	0 -87	0 -100	0 -115	0 -130	0 -140	0 -155

（续）

公差带	公差等级	公称尺寸/mm									
		大于10 至18	大于18 至30	大于30 至50	大于50 至80	大于80 至120	大于120 至180	大于180 至250	大于250 至315	大于315 至400	大于400 至500
P	6	−15 −26	−18 −31	−21 −37	−26 −45	−30 −52	−36 −61	−41 −70	−47 −79	−51 −87	−55 −95
	▼7	−11 −29	−14 −35	−17 −42	−21 −51	−24 −59	−28 −68	−33 −79	−36 −88	−41 −98	−45 −108
	8	−18 −45	−22 −55	−26 −65	−32 −78	−37 −91	−43 −106	−50 −122	−56 −137	−62 −151	−68 −165
	9	−18 −61	−22 −74	−26 −88	−32 −106	−37 −124	−43 −143	−50 −165	−56 −186	−62 −202	−68 −223

注：标注▼者为优先公差等级，应优先选用。

参 考 文 献

[1] 王国彪，陈殿生，陈科位，等．仿生机器人研究现状与发展趋势［J］．机械工程学报，2015，51（13）：27-44.

[2] 刘仁志．现代制造与仿生学［J］．表面工程与再制造，2023，23（5）：12-15.

[3] 张溶天．基于液压软体驱动器的仿生水母机器人研究［D］．长春：吉林大学，2023.

[4] 熊安迪．中国研发团队仿生软体机器人成功"打卡"已知海洋最深处［J］．机器人产业，2021（2）：35-38.

[5] 张春燕，刘玉航，丁兵，等．可重构仿生四足机器人倾覆后恢复机理与特性研究［J］．农业机械学报，2024（2）：433-441.

[6] 林海．仿生机器鱼机构设计及力学分析［D］．西宁：青海大学，2015.

[7] 王嘉鑫，宣建林，杨晓君，等．具备多模态运动能力的扑翼飞行器研究进展［J］．航空学报，2024（18）：1-26.

[8] 王前进．基于仿生行为的柔性蹼翼流固耦合动力学分析［D］．镇江：江苏科技大学，2022.

[9] 张春林，赵自强．仿生机械学［M］．2版．北京：机械工业出版社，2023.

[10] 西北工业大学机械原理及机械零件教研室．机械设计［M］．11版．北京：高等教育出版社，2024.

[11] 孙恒，李继庆．机械原理教程［M］．2版．西安：西北工业大学出版社，2011.

[12] 田为军．德国牧羊犬运动特性及其运动模型研究［D］．长春：吉林大学，2011.

[13] 王孝鹏，吴龙．ADAMS 车辆工程案例仿真［M］．成都：西南交通大学出版社，2021.

[14] 刘晋霞，胡仁喜，康士廷，等．ADAMS 2012 虚拟样机从入门到精通［M］．北京：机械工业出版社，2013.

[15] 王勇．MATLAB 基础教程［M］．上海：复旦大学出版社，2019.

[16] 刘宏梅，曹艳丽，陈克．机械结构有限元分析及强度设计［M］．北京：北京理工大学出版社，2018.

[17] 薛克兴，周瑾．复合材料结构连接件设计与强度［M］．北京：航空工业出版社，1988.

[18] 姚寿文，崔红伟．机械结构优化设计［M］．2版．北京：北京理工大学出版社，2018.

[19] 黄英，李小号，杨广衍，等．画法几何及机械制图［M］．5版．北京：高等教育出版社，2017.

[20] 张静，张朋，方春慧．公差配合与技术测量［M］．北京：北京理工大学出版社，2020.

[21] 巩亚东，史家顺，朱立达．机械制造技术基础［M］．3版．北京：科学出版社，2024.

[22] 李华雄，张志钢，王晖，等．3D 打印技术及应用［M］．重庆：重庆大学出版社，2021.

[23] 吴国庆．3D 打印技术基础及应用［M］．北京：北京理工大学出版社，2021.

[24] 王广春．3D 打印技术及应用实例［M］．北京：机械工业出版社，2016.

[25] 柏俊杰．STM32 单片机开发与智能系统应用案例［M］．重庆：重庆大学出版社，2020.

[26] 谢平．PCB 设计与加工［M］．北京：北京理工大学出版社，2017.

[27] 庞新宇．机械控制工程基础［M］．北京：北京理工大学出版社，2021.